13歳からの環境学

未来世代からの叫び

古庄弘枝
Kosho Hiroe

藤原書店

はじめに

いま、私たちはどんな環境の中で生きているのか。いま、地球でどんなことが起きているのか。私たちの暮らしの中にはどんな問題があるのか。それらを孫世代である10代の皆さんに知らせたい。皆さんが知ることで、それらの問題から身を守る知恵や術を見つけ、これからの時代を少しでも希望をもって生き抜いてほしい。そんな思いから本書を書きました。

皆さんの暮らしがどれほど危ないものになったかを私が自覚したのは、2021年に全国の公立小中校で子どもたち全員にタブレットが配られ、すべての教室にWi-Fiが取り付けられたときです。このとき、「子どもたちが学校で電磁放射線を浴びる」という環境が日本で初めて出現したのです。すでに毎日スマホを使っている皆さんは「どうしてWi-Fiが危ないの」「平気だよ」と思うかもしれません。それは、Wi-Fiから出ている電磁放射線にどのような影響があるかを知らないからです。

現在の私たちの暮らしには、日常的に便利に使うものの中に人間や動植物を傷つけるものがたくさん潜んでいます。それらの危険物から完全に逃れることはできませんが、どんな危険なものがひそんでいるかを知ることができれば、それから身を守る方法もわかります。それを友人や家族に知らせることもできます。

もし、1袋のプラスチックのティーバッグに熱湯をかけたら、116億個のマイクロプラスチック（直径5㎜以下のプラスチック破片）粒子が出ると知っていたら、お茶を飲むときはティーバッグから出してお湯をかけるでしょう。このように、知ることで自分を守ることができるのです。

私たちの暮らしの中にある環境問題は一つだけではありません。電磁放射線も、化学物質も、食べものもみんな複雑にからみあって、関係しあっています。例えば、電磁放射線や化学物質で傷ついた体と心を治すのは安全で美味しい食べものをとることです。しかし、海や大地がプラスチックや農薬、原発から出る放射性物質などで汚染されていれば、安全でおいしい魚や野菜を食べることはできません。また、食糧をほとんど輸入に頼っていては、流通が何かの事情でとまったとき、食べ物を手にすることさえできません。このように、すべてのことが日常の中でつながりあっています。

私はこれまで、女性の仕事や食の問題、電磁放射線公害のことなどを取材してきたライターです。ここ数年は電磁放射線の危険性を訴えた本を書いてきましたが、一つの分野に特化した科学者ではありません。そんな私が、あえて複数の環境問題を取り上げたのは、暮らしに関わる環境問題が一つだけではないからです。物事を総合的に知ることが大事だと考えたからです。

テーマは**序章**をいれて6つです。各章のはじめにすぐに役立つ「10カ条」をおきました。

序章では**オオカミのことについて**書きました。日本では明治時代に人間がオオカミを滅ぼしたために生態系がくずれ、シカやイノシシを食べる動物がいなくなってしまいました。そのため、いま、シカやイノシシが増えて田畑が荒らされ、人々は困っています。オオカミが生息する社会にするにはどうしたらいいのか。オオカミがいる社会こそが、私たち人間も生きやすい社会であること。なにより、地球は人間だけのためにあるのではないということをもう一度、こころに刻みたいと思います。

第1章は、パソコンやスマホ、Wi−Fiなどから出ている電磁放射線について。電磁放射線が人間や動植物にどんな影響を与えているか。スマホやWi−Fiが、使い方によっては体にとても害になることがわかってきています。どんな使い方をすれば、影響を多く受けなくてすむかも知ってほしいと思います。

第2章は、化学物質が起こす問題について。空気を汚す香りの公害＝香害のこと、身の回りにあふれているプラスチックのこと、水の汚染が問題になっている有機フッ素化合物のことなどについて書いています。

第3章は命の源になる食べものについて。遺伝子が操作された動物や植物がいること。遺伝子が組み換えられた作物や農薬がかけられた作物にどんな危険性があるか。そして、これから食物を自分でつくることがますます大事になることなどについても書きました。

第4章は感染症について。私たちは、新型コロナウイルスによる世界的な流行を経験しましたが、改めて感染症について考えてみたいと思います。新型コロナウイルスとは何だったのか、世界中で人々に打たれた遺伝子ワクチンとはどんなワクチンだったのか。

第5章は地球の温暖化と自然エネルギーについて。温暖化はなぜ起こるのか、ほんとうに二酸化炭素だけのせいなのか。温暖化は自然エネルギーを増やせば防げるのか。自然エネルギーは自然を壊していないのか。また、発電するときに二酸化炭素を出さないなら原子力発電をしてもいいのかなどについても考えます。

本書は、ぜひ、10代の皆さんに読んでもらいたいと思い、13歳のアユと60代後半の祖母ルイが環境問題について話しあうという設定にしています。興味のあるところから読んでみてください。ちょっと難しいなと思うところがあったら、周りにいる大人といっしょに読んでみてください。この本が、みなさんのこれからの未来を少しでも良くすることに役立てばとてもうれしいです。

登場人物の紹介

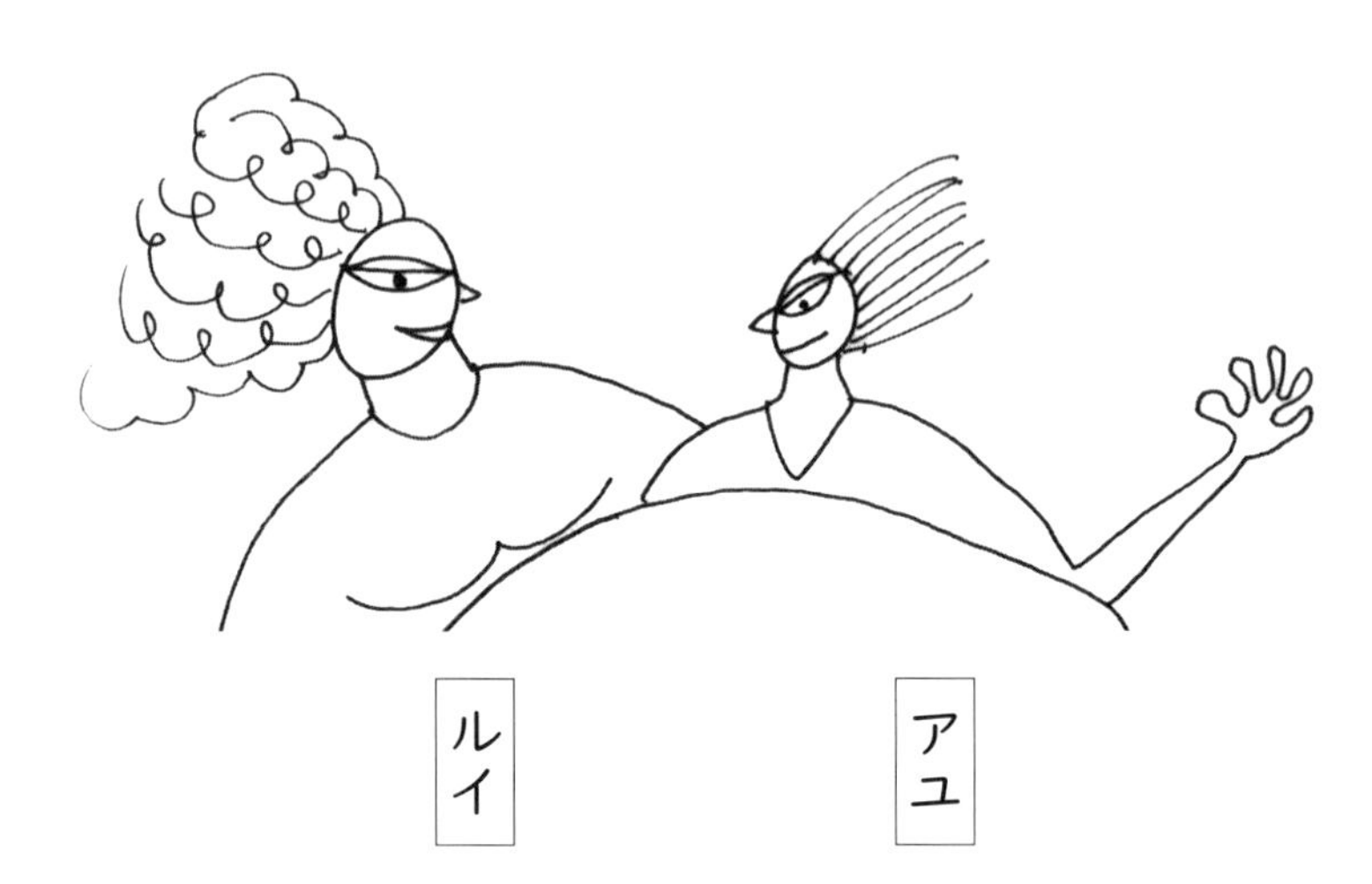

アユ

東京都の公立中学校に通う13歳。オオカミが大好きで、日本にまたオオカミが復活することを待ち望んでいる。オオカミが生きてゆける社会にするために、いろんな環境問題に関心がある。趣味はオオカミグッズを集めること。休みには祖母のいる九州の家へよく遊びに行く。

ルイ

アユの祖母で60代後半。長い間、東京に住んでライターの仕事をしていたが、いまは九州にある父母が暮らしていた家に住んでいる。できるだけ電気を使わない暮らしをこころがけ、薪（まき）でお風呂をわかしたりしている。趣味は、自然石を積んでつくった石垣の補修。

13歳からの環境学

目　次

第2章　有害化学物質はなくせないの？

第3章　食べものは安全なの？

第4章　感染症と共存できるの？

第5章　地球温暖化は防げるの？

カバー・章扉のイラスト 火露絵

13歳からの環境学

未来世代からの叫び

序章　オオカミはなぜ日本にいないの？

■狛犬がオオカミだったよ！

ルイ　いま、どんなことに関心があるの？

アユ　オオカミかな。お正月にいっしょに秩父の三峯神社（埼玉県）に行ったでしょ。三峯神社の「狛犬」（写真0―1）が「オオカミ」ですごくびっくりした。「どうして犬じゃなくてオオカミなんだろう」って思って、それからオオカミのことが気になってきた。

確かに、三峯神社の「狛犬」はオオカミだったね。三峯神社ではオオカミのことを『お犬さま』とか、「御眷属様」って呼んでるみたい。「眷属」って「神の意志を伝える動物」のこと。

昔は三峯神社のある秩父地方にもオオカミがいて、オオカミは土地の人たちから「神様のお使い」って思われて、大切にされていたってことかな。

いま、日本にオオカミはいないと言われているけど、「2015年ごろ、三峯神社の奥の院に続く参道で、午前4時ごろ、真っ白な大きな犬がとても高く跳ねて参道の脇の茂みに消えたのを見た」と言う女性がいるから、もしかしたらその白い大きな犬はオオカミだったかもしれないね。その人は白い大きな犬のことを、「アニメの『もののけ姫』[*1]に出てくるモロ（オオカミ＝山犬）のような雰囲気だった」って話してたらしい。

その白い大きな犬がオオカミだったらいいのにな。

その大きな犬は三峯神社の「お犬さま」だったかもしれないね。

昔はオオカミが日本中に棲んでいたんだよ。オオカミを祀る

写真0–1　三峯神社の「狛犬」（撮影：著者）

神社がある土地では、その土地の人たちはオオカミを「大神（オオカミ）」とか「大口真神（おおくちまがみ）」と呼んで、崇（あが）めていたんだ。オオカミがシカやイノシシなどを捕まえて食べることで結果的に農作物が守られていたからね。オオカミをお祀りしている神社はいまでも日本全国にたくさんあって、オオカミの姿も神社ごとにいろいろ。オオカミをデザインした護符もたくさんある。

狼っていう字は「けものへん（犭）」に「良」と書くから「良いけもの」という意味でしょ。この漢字を考えた昔の人は、きっと、オオカミを良い獣（けもの）と考えていたんだね。

東北には、「狼」という字のついた地名もたくさんある。岩手県の「狼沢（おいぬざわ）」「狼森（おいのもり）」、宮城県の「狼の巣（おいぬ）」「狼坂（おいぬさか）」、青森県の「狼ノ平（おいひら）」「狼走（おいのばしり）」。東北にはオオカミがたくさん棲（す）んでいたのかもしれない。

■オオカミは絶滅させられた

日本中に野生のオオカミが住んでいたのに、なぜ、オオカミはいなくなってしまったんだろう？

自然にいなくなったんじゃなくて、人間に滅ぼされたというのが正しい。オオカミが最後に確認されたのは、北海道では１８９６（明治29）年、本州では奈良県で１９０５（明治38）年とされているけど、四国や九州にもオオカミはいたから、正確に絶滅したのが何年とは言えないみたい。

オオカミが絶滅した理由を、日本オオカミ協会[*2]が５つ挙げている。

1　明治時代にシカやイノシシなどを乱獲したため、オオカミの食べものが少なくなってオオカミの数が減った。

2　シカやイノシシなどの乱獲でオオカミの獲物となる動物が少なくなって、オオカミが放牧されていた馬などの家畜を襲ったために、害獣として殺された。

3　「オオカミは文明開化にそぐわない野獣」という明治政府の考え方から殺された。
4　オオカミの毛皮は高く売れ、骨肉は民間薬として求められたので、金目当てに乱獲された。
5　イヌからうつされた狂犬病などの伝染病にかかって減少した。

■いまも57カ国で約15万頭が生息している

オオカミが絶滅したのは日本だけなの？

西ヨーロッパでは18世紀や19世紀に、オオカミは家畜を襲うという理由で絶滅させられたみたい。でも、スペイン、ポルトガル、イタリアや東ヨーロッパの多くの国では、オオカミはなんとか生き残った。第二次世界大戦が終わって社会が落ち着き生活にゆとりが出てくると、ヨーロッパの人たちの関心は地球の環境保護に向かった。１９７９年にベルン協定[*3]を結んで、オオカミも保護の対象としたんだ。その後オオカミは国境を越えて増え始め、２００７年にはヨーロッパ29カ国で1万７０００〜2万５０００頭が確認された。

アジアにもオオカミはいるの？

中国、極東ロシア、ネパール、インド、モンゴルなどにいる。

アメリカのイエローストーン[*4]で暮らすオオカミをテレビで見たけど、イエローストーンではオオカミは一度、絶滅したの？

イエローストーンでは１９２６年に最後のオオカミが殺された。捕獲者の頂点に立つオオカミがこの国立公園からいなくなってエルクジカが増えていった。エルクジカは森林や湿地に生えている植物を食べ荒らしたから、いろんな生物の生きる場所が奪われてしまった。オオカミの存在は生態系[*5]に大きな影響を与えるから、研究者のなかにはオオカミを「キーストーン種[*6]」だと考える人もいる。

オオカミがいなくなって初めてアメリカの人たちはその大切さに気がついたんだね。

アメリカの人たちは、オオカミの復活に向けて熱心に活動した。１９７３年に絶滅危惧種法[*7]をつくって、オオカミを保護すべき野生動物として取り上げ、１９９５年と１９９６年にカナダから31頭のハイイロオオカミ[*8]（写真０―２）をイエローストーンに導入した。

写真 0–2　ハイイロオオカミ

そして、25年後の２０２０年には、イエローストーンを含む北部ロッキー山地に約１６００頭、アメリカ全土では４０００頭以上のオオカミが棲むようになった。いま、世界の57カ国で少なくとも15万頭のオオカミが棲んでいると言われている（２０１２年現在）。

■『赤ずきん』のオオカミは本当のオオカミじゃない

隣のおばさんが、「いくら野菜を植えても全部シカやイノシシに食べられてしまう」って、ぼやいていた。いま、日本中でシカやイノシシが農作物を食べるって大きな問題になってるけど、オオカミがいれば、シカやイノシシの数が減って、山の木や野菜が食べられてしまうこともなくなるんじゃないかな。

なぜ、日本ではオオカミを復活させないの。

小さいころ『赤ずきん』[*9]とか『３匹のこぶた』[*10]という絵本を読んだことがあるでしょ。絵本ではオオカミはずる賢い悪者で、人間を食べたり、家畜を食べたりする「おそろしいもの」として描かれている。日本人には幼いときからそのイメージが沁みついているから、オオカミを導入することに賛成する人が少ないんだ。

だけど、ほんとうのオオカミの姿は、『赤ずきん』に出てくるオオカミとはまったく違ったものなんだ。

■オオカミは人を襲わない

オオカミのほんとうの姿ってどんなものなの？

オオカミは家族で暮らしていて、その群れは「パック」と呼ばれている。パックの子どもたちは数年すると、自分のパートナーを探して自分のパックをつくるために旅に出る。パックには縄張りがあって、その範囲は60km^2（6000ha）から300km^2（30000ha）と言われている。そして、あの魂を揺さぶるような遠吠えで仲間とコミュニケーションをとる。

主な食べものはシカやイノシシのような中型や小型の動物。狩りが成功したときには一度に10kgもの肉を食べるけど、餌がないときは何も食べなくても数週間生きられる。

オオカミはとても愛情深くて、仲間のつながりが強い動物なんだ。

『オオカミ王ロボ』[*11]を読んだよ。ロボの、オオカミの賢さがとてもよくわかった。ロボの遠吠えを真似て何度も練習したことがある。

オオカミはとても用心深くて警戒心が強い動物だから、いつも敏感な五感[*12]を使って身の回りで起きていることに気を配っている。特に鼻は人間の数百倍も敏感で、もし人間が近づいたらいち早く気づいて隠れる。『赤ずきん』に出てくるオオカミのように、オオカミのほうから人に近づいて襲うなんてことは、よほどのことがなければ有り得ないことなんだ。

アメリカの国立公園を36年間管理してきたノーマン・ビショップさんは、「1995年から2018年にかけて、イエローストーンを1億107万722人が訪れたけど、オオカミによって怪我をした人は1人もいなかった」「同じ期間にイエローストーンでキャンプをした人は270万人いたけど、オオカミによって怪我をした人はいなかった」と言っている。

長年、ミネソタ州の森林保護区でオオカミと距離をとって共に暮らしてきたジム・ブランデンバーグさんも、「オオカミの生存を脅かす最大の危険は、オオカミに対する人々の恐れと誤解だ」と言い切っている。

人間が正しい態度でオオカミに接していれば、オオカミが人を襲うことはないんだよ。

■オオカミは草原の大きな輪だ

家畜を放牧している人たちだって、オオカミを一方的に悪者扱いにしている人たちばかりじゃない。モンゴル草原のオオカミについて詳しい姜戎（ジャンロン）（中国の小説家）は『神なるオオカミ』（講談社）の中で、モンゴル民族とオオカミについてたくさん書いている。

「モンゴル民族とは、オオカミを祖、神、師、誉れとし、オオカミを自分にたとえ、自分をオオカミの餌とし、オオカミによって昇天する民族である」

そして、草原の専門家である老人に言わせている。「オオカミは天に遣（つか）わされて草原を守っているんだ。オオカミがいなければ、草原もなくなる。オオカミがいなければ、モンゴル人の魂も天に昇れない」

放牧をしている人たちは、オオカミを家畜を襲う悪者とばかり考えていると思ってたけど、そうでもないんだね。

小説の中で姜戎は、オオカミと草原の関係についてとてもわかりやすく登場人物に語らせている。

「草原は複雑だ。すべてが一つ一つ輪になって、つながっている。オオカミは大きな輪で、草原のどの輪ともつながっている。この大きな輪が壊されたら、草原の牧畜業はやっていけない。草原にとっても、牧畜業にとっても、オオカミのよいところは数えきれない。トータルでいえば、悪いことより、よいことのほうが多いんじゃないかな」

■4割の人がオオカミの再導入に賛成している

いま、日本でオオカミを再び導入することに賛成してる人たちはどれくらいいるの？

日本オオカミ協会のアンケート調査によると、1993年には「復活が必要だ」と考えている人は12・5％で、「必要でない」という人は44・8％だったけど、2009年以降は「必要だ」という人の方が増えてきている。

2022年の調査では、「必要だ」という人が41・3％で、「必要でない」という人が12・3％。年々オオカミが必要だと多くの人が認めてきている。「オオカミの復活が必要だ」と答えた人の7割は、「オオカミは生態系・生物多様性にとって必要だから」と言っている。

日本にオオカミを連れて来るとしたら、どこから連れて来るの？

北海道にいたエゾオオカミも、本州より南にいたニホンオオカミも、北半球の広い地域に棲んでいるハイイロオオカミ。だから、ユーラシア大陸[*13]の東西にいるハイイロオオカミの仲間のタイリクオオカミのうち、日本にいちばん近いところに棲んでいるオオカミが第一候補とされている。中国と極東ロシアの2つの地域に棲んでいるオオカミが最も有力な候補になっているようだよ。

図 0–1　三峯神社の護符

■オオカミの復活は滅ぼした人間の責任だ

日本でオオカミを入れるとしたら、どの地域から入れるの？

オオカミの餌になるシカやイノシシがたくさんいる広い森林地帯なら、どこでもいいみたい。「最低でもオオカミの群が２つと、ナワバリの間の広い場所は必要だけど、その森林地帯に町や村、畑や田んぼが散らばっていても問題はない」って、日本オオカミ協会会長の丸山直樹さんは言ってる。

ドイツでは、ザクセン州の東側のほぼ全ての地域に、いまでは１０００頭ちかくのオオカミが棲んでいるし、ベルリンやハンブルグ、ブランデンブルクなどの大都市の近くにもオオカミが棲んでいる。

この前、御岳山（みたけさん）（東京都青梅市）で宿坊をやっている人の話を聞いたけど、御岳山もシカの害がひどいらしい。だから、オオカミを入れるんだったら、もともとオオカミが棲んでいてオオカミ信仰のある御岳山や三峯山が、真っ先にオオカミを入れたらいいと思う。

オオカミの復活は、滅ぼした人間の責任だよね。

日本中のオオカミの狛犬を訪ねてみたい。オオカミの護符（図０―１）も集めてみたいな。そして、もっとオオカミのことを調べて、いつか他の国にいる野生のオオカミに会いに行きたい。将来は、日本にオオカミを呼び戻す仕事に就けたらいいな。

いくらでも応援するよ。オオカミは生態系に欠かせない存在だから、オオカミのいない日本は生態系がこわれている国と同じ。オオカミがまた棲める国にすることは、地球の抱える環境問題を解決することにつながっている。人間が犯してきたいろんな過ちを正すシンボルがオオカミだと言ってもいいね。

注

＊1　**『もののけ姫』**　1997年にスタジオジブリが発表した長編アニメーション映画。古代の日本を舞台に森を侵す人間たちと、それに抗う森の生き物たち（荒ぶる神々）の闘いを描いた作品。

＊2　**日本オオカミ協会**　日本でのオオカミの復活をめざして1993年に作られた団体。森・オオカミ・ヒトのいい関係を求めて、普及活動や講演活動などをしている。

＊3　**ベルン協定**　正式名は「野生生物と自然環境の保護に関するベルン協定」。

＊4　**イエローストーン**　アメリカ西部、ワイオミング州、モンタナ州、アイダホ州にまたがるイエローストーン国立公園のこと。アメリカ最大の面積で、1872年に世界初の国立公園に指定された。1978年には世界自然遺産に指定されている。

＊5　**生態系**　ある地域に生きているすべての生物の群集とそれを取り巻く環境とを一つととらえたまとまり。

＊6　**キーストーン種**　「軸となる種」のこと。その種がいなくなったら「生態系」全体が変わってしまうくらい大切な存在という意味。

＊7　**絶滅危惧種法**　正式名は「絶滅の危機に瀕する種の保存に関する法律」。絶滅のおそれのある種およびその依存する生態系を保つことを目的としたもの。

＊8　**ハイイロオオカミ**　ユーラシア大陸と北アメリカに生息する大型のイヌ科の哺乳動物。森林、草原、ツンドラ地帯、荒れ地、半砂漠など、多様な環境に適応して生きている。ニホンオオカミはハイイロオオカミの仲間の一つ。

＊9　**『赤ずきん』**　ヨーロッパに広く伝わる昔話。フランスのペローが「童話集」に入れ、「グリム童話」によって広く知られるようになった。祖母に化けた狼が少女をだまして食べるが、少女は狼の腹から救い出されるという話。

＊10　**『三匹のこぶた』**　イギリスの民話。家を壊された長男と次男のこぶたが狼に食べられてしまい、狼は三男のこぶたに食べられてしまうというお話。

＊11　**『オオカミ王ロボ』**　アメリカの博物学者アーネスト・トンプソン・シートンによって書かれた物語。アメリカ・ニューメキシコの田舎カランポーを支配する狼のロボが人間に捕まった妻のために人間に立ち向かっていく賢さ

や勇気を描いたもの。

＊12　**五感**　目、耳、鼻、舌、皮膚の5つの器官を通じて、自分の外側の物事を感じる視、聴、嗅、味、触の5つの感覚。視覚、聴覚、嗅覚、味覚、触覚のこと。

＊13　**ユーラシア大陸**　アジア・ヨーロッパ両大陸の総称。地球上最大の大陸で、世界中の陸地の40％を占める。

第1章　電磁放射線からどう身を守るの?

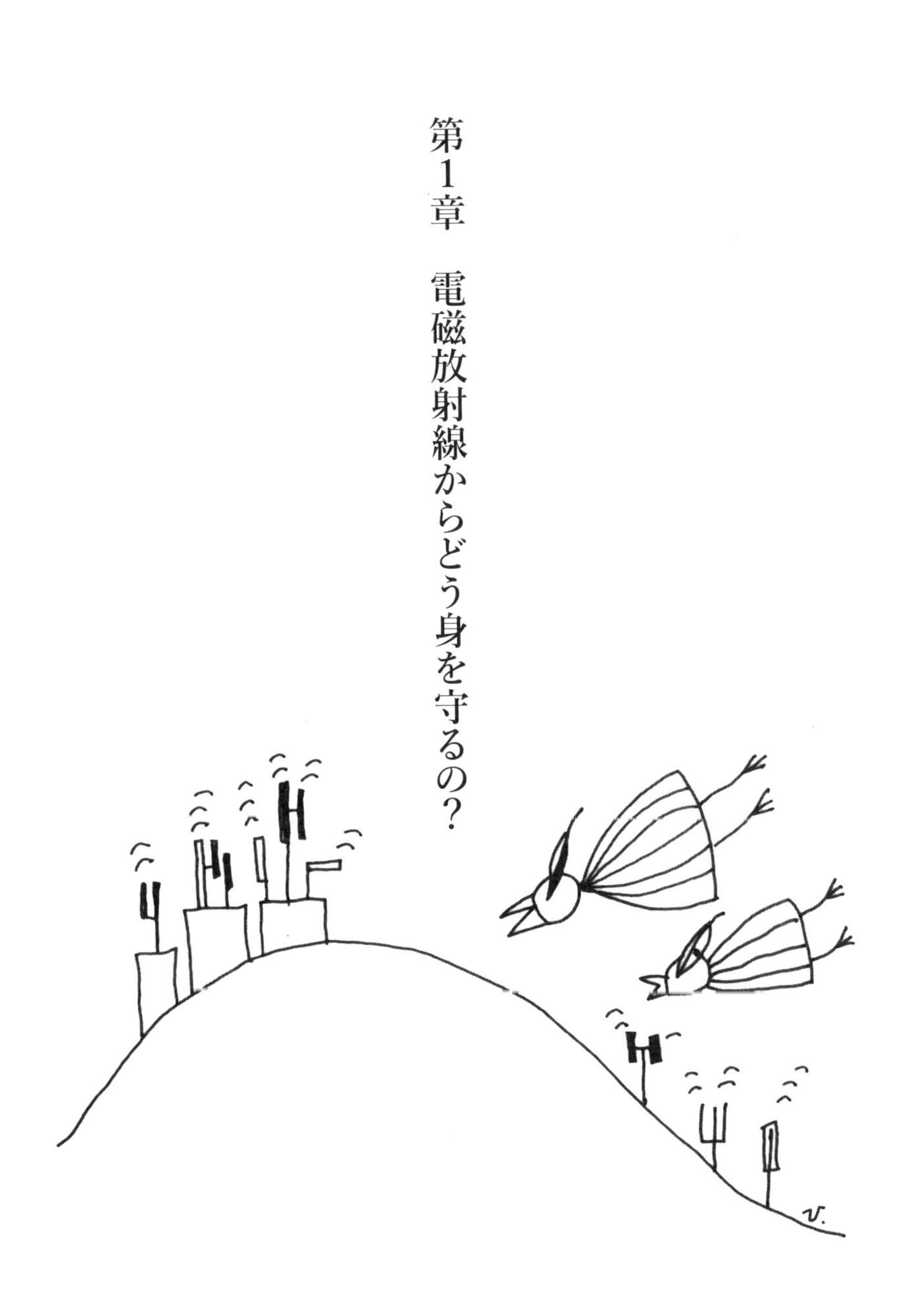

「電磁放射線」から身を守るための10カ条

❶ 自宅・学校・職場でのインターネット接続はできるだけ有線にする。

❷ Wi-Fiのアクセスポイントの近くにいない。

❸ 寝るときはWi-Fiの電源を切る。

❹ スマホを使うときは時間を短くし、頭から離して使う（スピーカーを使う）。

❺ 寝るとき、スマホをオンにしたまま頭の近くに置かない。

❻ スマートメーターの近くで寝ない。

❼ 基地局が近くにできて異変を感じたら、その場所から離れてみる。

❽ 口の中に金属（インプラント・歯並び矯正金具・詰め物）を入れない。

❾ 電気毛布・ホットカーペットは温めたら電源を切って使う。

❿ 大地にいっぱいアースする生活をする。

1　学校の無線ＬＡＮが子どもを傷つける

■無線ＬＡＮで頭が痛い

学校でみんなにタブレットが配られたんでしょ。[*1]

　もらったよ。学校でタブレットが使えるように、廊下にも教室にも無線ＬＡＮ[*2]（Wi-Fi）が取りつけられてる。

無線ＬＡＮが教室についてから、変わったことはなかった？

　席替えをして、教室のアクセスポイント[*3]（写真1―1）に近い席になったとき、頭が痛くなったから母さんに話した。母さんは「インターネットへの接続を無線ＬＡＮじゃなくて有線にできないんですか」って、先生にたずねたけれど、「もう、学校中に無線ＬＡＮの設備ができているから有線に変えられない」って。「タブレットを使わないときは、無線ＬＡＮの電源を切ってもらえないですか」って言ったけど、それも、「無理」という話。

それで、どうしたの？

　そのときは教室のアクセスポイントから遠い席に変えてもらって、頭が痛いのは治った。だけど、席替えでまたアクセスポイントの近くになるかもしれないし、だれかはいつもその近くにいるから、教室の中にいつも犠牲者がいるということだよ。

写真 1–1　アクセスポイント（撮影：著者）

電磁放射線症[*4]の子どもがいる友だちは、授業で無線LANを使わないときは、先生に手元スイッチ（写真1―2）で無線LANの電源を切るようにしてもらった。アユの学校も先生たちに手元スイッチを使ってもらって、子どもたちへのむだな被曝（ひばく）を防いでもらうといいね。

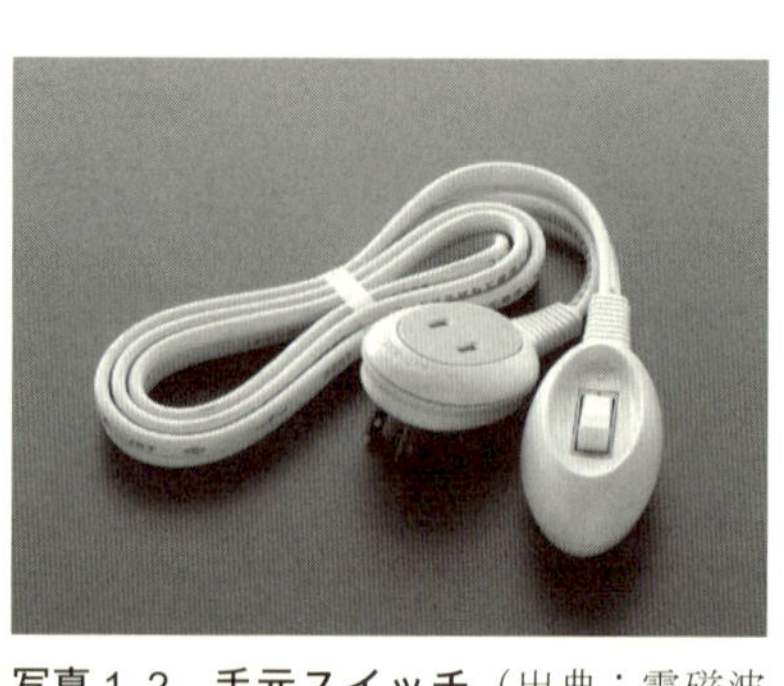

写真1–2　手元スイッチ（出典：電磁波問題市民研究会のウェブサイト）

■アクセスポイントの近くは危険だ

知り合いの友君（とも）は教室に無線LANがついてから、鼻血が1週間続いて、頭も痛いって言うようになったんだけど、友君のお母さんは自身が化学物質症[*5]で、電磁放射線症のこともわかっていたから、学校に行って教室の電磁放射線を測らせてもらった。すると、アクセスポイントの近くは1・8μW（マイクロワット）／cm²（平方センチメートル）[*6]あった。オーストリアの医師会は、「1日に4時間以上過ごす場所は、0・0001μW／cm²以下が安全だ」って言ってるから、1・8μW／cm²というのは18000倍強い値になる。

すごく危険な値だね。それで、どうしたの？

友君のお母さんは「無線LANを使うときだけオンにできないんですか」って先生に聞いたけど、「無理」と言われた。それで用務員さんに協力してもらって、電磁放射線を防ぐ箱のような器具をシールドクロス（電磁放射線を防ぐ布）とクリアファイル（透明なプラスチック製のファイルケース）を使ってつくったんだ。その後、先生も協力して、無線LANを使わないときはその器具でアクセスポイントを覆（おお）うようにし、上げ下げできるようにした。それからは友君の鼻血も止まって、頭痛も治った。

ちょっとしたアイデアで電磁放射線は防げるんだね。

全国の子どもたちみんなにタブレットが配られたのが2021年4月。それから約3年が過ぎたけど、やっぱり子どもたちにいろんな影響が出てきてるみたいだね。

頭が痛かったり、鼻血が出たりする以外にもあるの？

「タブレットを使って勉強していると性器がかゆくなって、血が出るほどかきむしる」（小5男子）「よく転ぶようになって、寝ているときにいびきをかくようになって、朝、起きられない」（中2男子）といった子どもたちもいるみたい。小学校の養護の先生は「偏頭痛の子どもが確実に増えている」[*7]と言ってる。

■アクセスポイントの近くでは発芽率が悪い

無線LAN（Wi－Fi）のアクセスポイントの電磁放射線が発芽におよぼす影響を調べた小学生がいるんだよ。大阪府の悠君（小6）で、彼は、Wi－Fiルーターやアクセスポイントが近くにあると頭が痛くなるから、電磁放射線は動物や植物にも影響があるんじゃないかと考えて、学校でそれを確かめる実験をした。

どんな実験をしたの？

「ブロッコリースプラウト」の種を使って2つの実験をした。

実験1は、アクセスポイントの真下（0m）に3種類の発芽容器を置いて、発芽を比べるもの。

実験2は、アクセスポイントからどれくらい離れたら発芽に影響しなくなるかを調べるもの。

実験1の結果はどうだったの？

3種類の発芽容器は、A（発芽容器のみ）、B（アルミメッシュに包んだ発芽容器）、C（スチール缶に入れた発芽容器）。発芽容器に種を16粒ずつ入れて8日間観察した（**写真1―3**）。発芽率はAが56％、Bが69％、Cが44％だった。

悠君はこの実験から、Aは「電磁放射線の影響を受けているので発芽率が悪い」、Bは「アルミメッシュは

実験1

アクセスポイントの真下に3種類（A、B、C）の発芽容器を置き、発芽を比べる

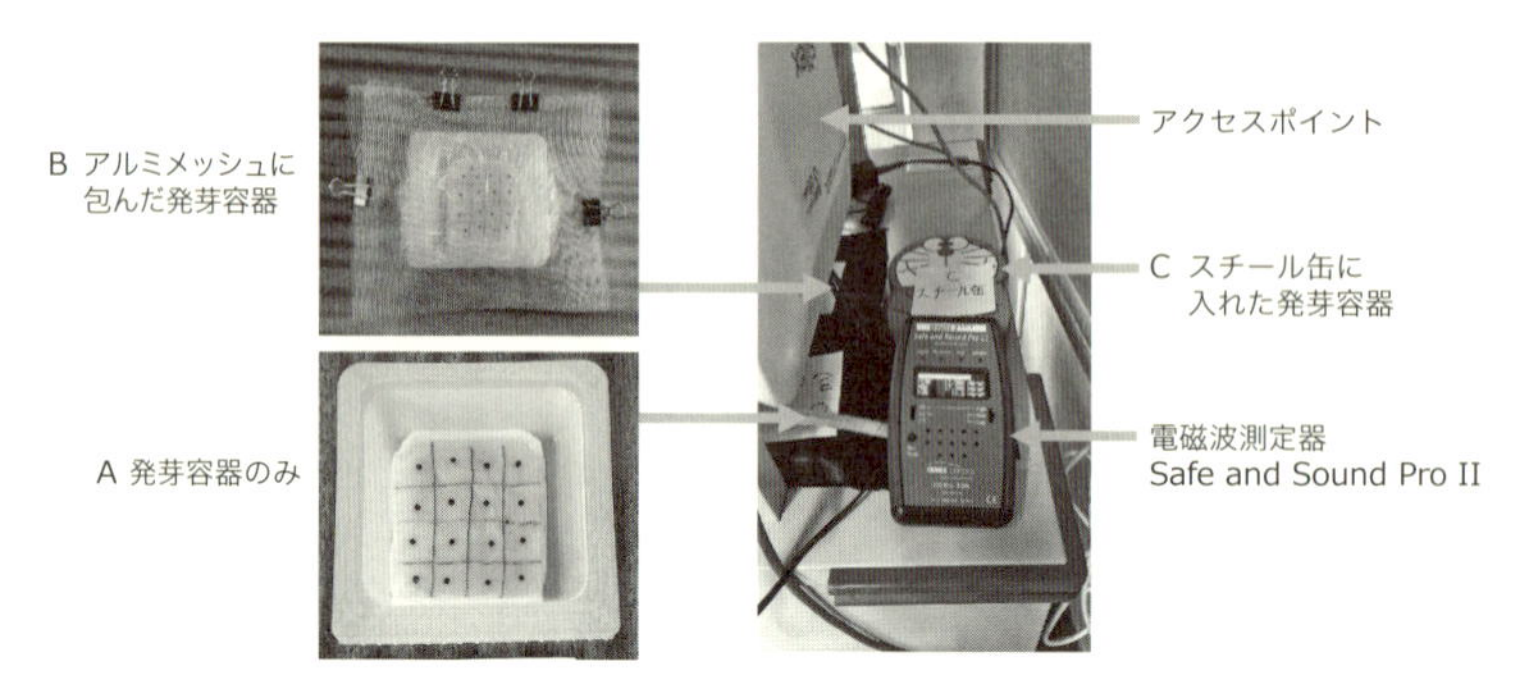

写真 1–3　3 種類の発芽容器で 8 日間観察（写真提供：東麻衣子）

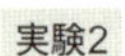

写真 1–4　発芽容器を 1m おきに設置して 8 日間観察（写真提供：東麻衣子）

電磁放射線を防ぐ効果があるので発芽率がよい」、Cは「スチール缶はふたがしっかりしまっていたので空気が入らず発芽が悪かった可能性がある」と考えた。

2番目の実験はどうだったの？

発芽容器を0mのところから1mおきに7mまで並べて8日間観察した（写真1—4）結果、「0mの発芽率は悪く、発育不良も多かった」「3mと4mの発芽率が悪かった。電磁放射線を測ると、0mよりも3mの方が数値が高く、4mの数値も高かった」（図1—1）「5〜7mほど離れると発芽率はよくなった。数値も低かった」。

悠君は、「3mと4mはアクセスポイントから離れているが、電磁放射線の数値が高いのはホットスポット（危険地点）になっているからではないか」「電磁放射線の数値が高いと発芽率が悪く、電磁放射線の影響が少ないと発芽率が良くなるのではないか」と考えた。

そして、2つの実験結果から、「アルミメッシュは電磁放射線を防ぐ効果がある」「電磁放射線の影響が少なくなると発芽率が良く、影響が大きいと発芽率が悪くなる」「電磁放射線の影響を受けなくなると発芽しなかった種は発芽する」と、結論を出した。

「発芽率が電磁放射線の影響を受ける」ことが証明

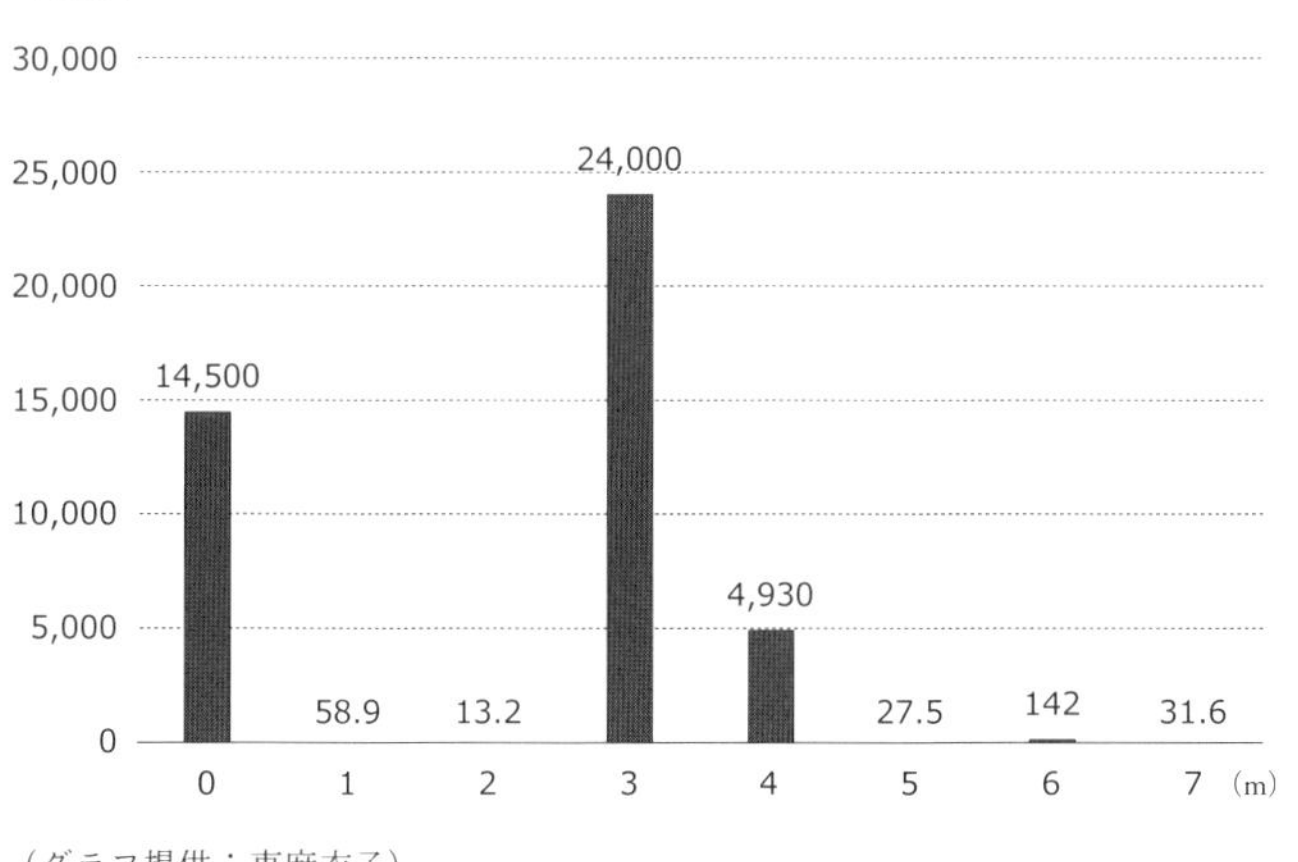

（グラフ提供：東麻衣子）

図1–1　アクセスポイントの電磁放射線

されたんだね。人間も種と同じ影響を受けているということだね。

悠君は、今度はメダカの卵を使って同じ実験をしたいと言ってるよ。

■学校の無理解が少女の命を奪う

学校に無線ＬＡＮが入ってから、世界中の学校が危険な場所になったね。日本より早く学校に無線ＬＡＮが入ったイギリスでは、痛ましい事件が起きている。

ジェニーさんという15歳の少女が、学校の無線ＬＡＮの電磁放射線に苦しんで、２０１５年に森で首を吊って自殺した。ジェニーさんは電磁放射線症だったけど、家では無線ＬＡＮを使わないから元気だった。でも、学校に行くと頭が痛くなったり、体がとてもだるくなったりして、苦しんだ。無線ＬＡＮのない教室の外に出ていると怠けていると思われて教室に連れ戻されて、先生に居残りをさせられた。

彼女の両親は学校に無線ＬＡＮをとりはずしてほしいと頼んだけれど、とりはずしてもらえなかった。校長先生に電磁放射線が体にどんな悪い影響を与えるかという資料を見せても、わかってもらえなかった。そういう学校にジェニーさんは失望したのかもしれない。

　学校がジェニーさんの命と未来を奪ったんだね。

■無線ＬＡＮの導入で授業が受けられない

日本でも無線ＬＡＮが学校に設置されてから、授業が受けられなくなった子どもがたくさんいる。長野県に住む中学1年生の玄(げん)君もその一人。彼はスキーが大好きで元気な子どもなんだけど、電磁放射線や化学物質があるところにいると体調が悪くなる。２０１８年、彼が小学3年生のとき、学校に無線ＬＡＮが入って電子黒板を使った授業が始まった。そのときから玄君は電子黒板を使った授業には出られなくなった。

学校は何も対策をしてくれなかったの？

インターネットを使わないときは、玄君の教室のある2階の無線ＬＡＮは切ってくれたけど、1階と3階の無線ＬＡＮはそのままだったから、玄君は学校に1日行くと疲れ果てて、1日おきにしか登校できなかった。だから玄君は夏は校庭で、冬は無線ＬＡＮのない体育館にテントを張って、空き時間に来てくれる先生から勉強をみてもらっていた。

中学生になって学校が変わっても授業は教室で受けられないの？

中学校も教室の無線ＬＡＮは止めてくれないし、中学生たちはいつもタブレットを持ち歩いて、それで勉強をしているから、玄君は電磁放射線が届かない体育館の横のスペースに机を置いて、いまでも1人で勉強している。校庭には無線ＬＡＮがないから、体育の授業だけは他の生徒といっしょにやってるみたい。だけど、小学校のときより先生たちが玄君のことを気にかけてくれるから、彼も喜んで毎日通学しているって。

■２０２４年から教科書がデジタルになる

心配なのは、２０２４年の春から、小・中学校で使われだしたデジタル教科書。[*8] しばらくは紙の教科書と両方使うみたいだけど、何年かしたら国は紙の教科書をなくしてデジタル教科書だけにしたいらしい。そうすると、タブレットを開かないと教科書が見られない。子どもたちの健康のために、クラウド版の教科書じゃなくてダウンロード版の教科書も使えるようにしてほしいと「子どもの学習環境を守る会」[*9]（中西泰子代表）が中心になって署名をしたり、文科省と交渉したりしたけど、いまのところ大きな流れは変わらないよう。

教室の無線ＬＡＮはますます切れなくなるね。頭が痛くなる子がもっと増えて、教室に入れない子もさらに増えそう。

教室でクラウドにみんながアクセスしてデジタル教科書を見るようになると、子どもたちはこれまでよりたくさんの電磁放射線を浴びることになる。ほんとうに、子どもを守るなら紙の教科書はなくさないでほしいね。スウェーデンでは２０１０年から子どもたちに１人１台のパソコンを持たせて、デジタル教科書を使ってきたけど、子どもたちの読解力が低くなってきて、２０２４年からまた紙の教科書に戻している。

そうなの！　デジタル教科書が良くないことがわかったなら、日本がわざわざ同じ過ちをくりかえす必要はないよね。

■有線のインターネット接続を優先させる

他の国は電磁放射線から子どもを守っているの？

欧州評議会（ＣｏＥ）[*10]の議員会議（ＰＡＣＥ）は２０１１年に、電磁放射線に体がさらされると「脳腫瘍になる危険性がもっとも高いと思われる子どもや若者」を電磁放射線から守るために決議[*11]を採択した。「学校や教室では、無線ではなく有線のインターネットを優先すること」「学校の敷地内で子どもたちが携帯電話を使わないように」「子どもや若者への電磁放射線の影響を減らすために、あらゆる合理的なことをしなさい」。そして、さまざまな省庁で「無線を使う通信機器の危険性を伝えるキャンペーンをするように」とも。

10年以上も前から、「学校で有線のインターネットを使うように」って言っていたんだね。

フランスでは２０１５年に法律[*12]に、「３歳以下の子どもが過ごす保育園などの施設では無線ＬＡＮは禁止」「学校のネットワークは有線で、無線が必要なときは使うときだけ電源を入れて、使わないときは電源を切らなくてはならない」と書いている。

キプロスでは小学校の教室から無線ＬＡＮを取り外しているし、イスラエルのハイファ市は、学校の無線ＬＡＮをすぐにやめることと、有線ＬＡＮへ切り替えることを２０１６年に決めている。アメリカのメリーランド州でも２０１６年に、「学校には有線ＬＡＮを設置するように」とアドバイスしている。その他にも無線ＬＡＮを禁じたアメリカの州はたくさんある。

日本では、無線ＬＡＮから有線ＬＡＮに変えた学校が静岡県下田市にあるらしい。化学物質症と電磁放射線症のＡさんが２０１７年に中学校に入学するとき、その中学校は学校全体を無線ＬＡＮから有線ＬＡＮに変更してくれた。

■「電磁放射線の少ない教育設備を用意しなさい」

電磁放射線症の子どもにいいお知らせがある。イギリスに住む13歳の女の子Ｂさんについてのニュース。Ｂさんは電磁放射線症で学校に無線ＬＡＮがあるときは学校に行けなかったから、両親が自治体に「Ｂさんが学校に通えるようにしてほしい」って求めたけど、聞いてもらえなかった。両親は5年間、行政審判所に「Ｂさんが学校に通えるようにして」と訴え続け、２０２２年8月、ついに願いがかなった。

イギリスの行政審判所が自治体に対して、「Ｂさんのために電磁放射線の少ない教育設備を用意するように」って、決定を出した。イギリスには、特別な支援を必要とする子どものために自治体がつくる計画（教育保健介護計画＝ＥＨＣＰ）があって、審判所はそのＥＨＣＰを、「電磁放射線症のＢさんのためにつくって、それを実行しなさい」と、自治体に命じた。それを受けて、学校は無線ＬＡＮも携帯電話も使えないようにしたから、Ｂさんは安心して学校に通えるようになった。

もっと早くこういうことが実現していたら、学校の無線ＬＡＮに苦しんで自殺したジェニーさんも救われたのにね。日本でも審判所のようなところがこんな決定を出してくれたら、電磁放射線症の子どもたちが安心して学校に通えるのにね。

それには、私たちが自治体にあらゆる方法で安全な学校を求め続けることが大事だね。

2 電磁放射線は体へ悪い影響をおよぼす

■ 10分浴びると血液がドロドロ状態になる

学校で無線ＬＡＮの電磁放射線を浴び続けたら、体はどうなるんだろう。

マグダ・ハバスさん[*13]が実験している。無線ＬＡＮの電磁放射線に10分間さらされると、血液はドロドロ状態になって、酸素を運ぶ能力が下がり、いらないものを取り去る能力が落ちる（写真1―5）。そして「頭痛」「つかれ」「めまい」「集中することが困難」「しびれ」「刺すような痛み」「手足の冷たい感じ」「心臓や血圧の問題」「心臓発作」「脳卒中のおそれ」などが起きてくる。電磁放射線は血液や心臓、自律神経[*14]に影響を与える。

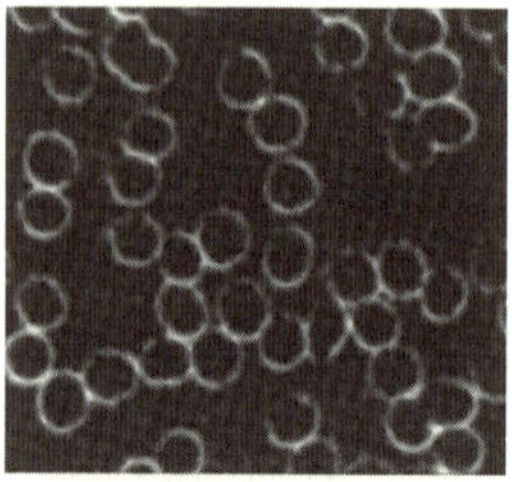

① 携帯電話を使う前の赤血球の状態

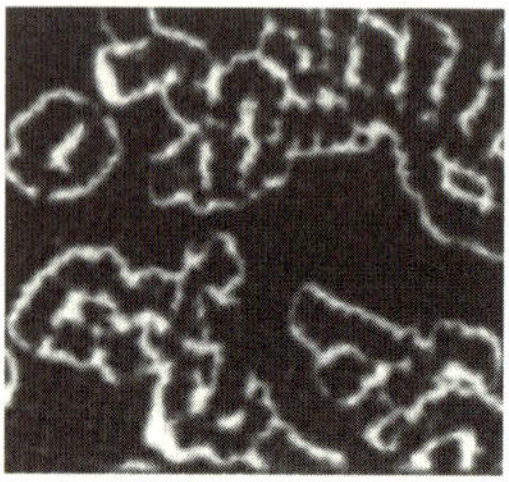

② 携帯電話を90秒使うと赤血球がくっつく

★携帯電話を切って、40分後、やっとサラサラの状態に戻る（ドイツの民間研究所の研究）

写真1–5　電磁放射線の悪影響をうける血液（出典：大久保貞利『電磁波の何が問題か』緑風出版、2010年）

一人ひとり感じ方が違うからひとくくりには言えないけど、電磁放射線はとても体に悪い影響を与える。ハバスさんは、学校の無線ＬＡＮの方が、「電磁放射線が強い」「アクセスポイントが多い」「使っている人が多い」「いつもオンになっている」

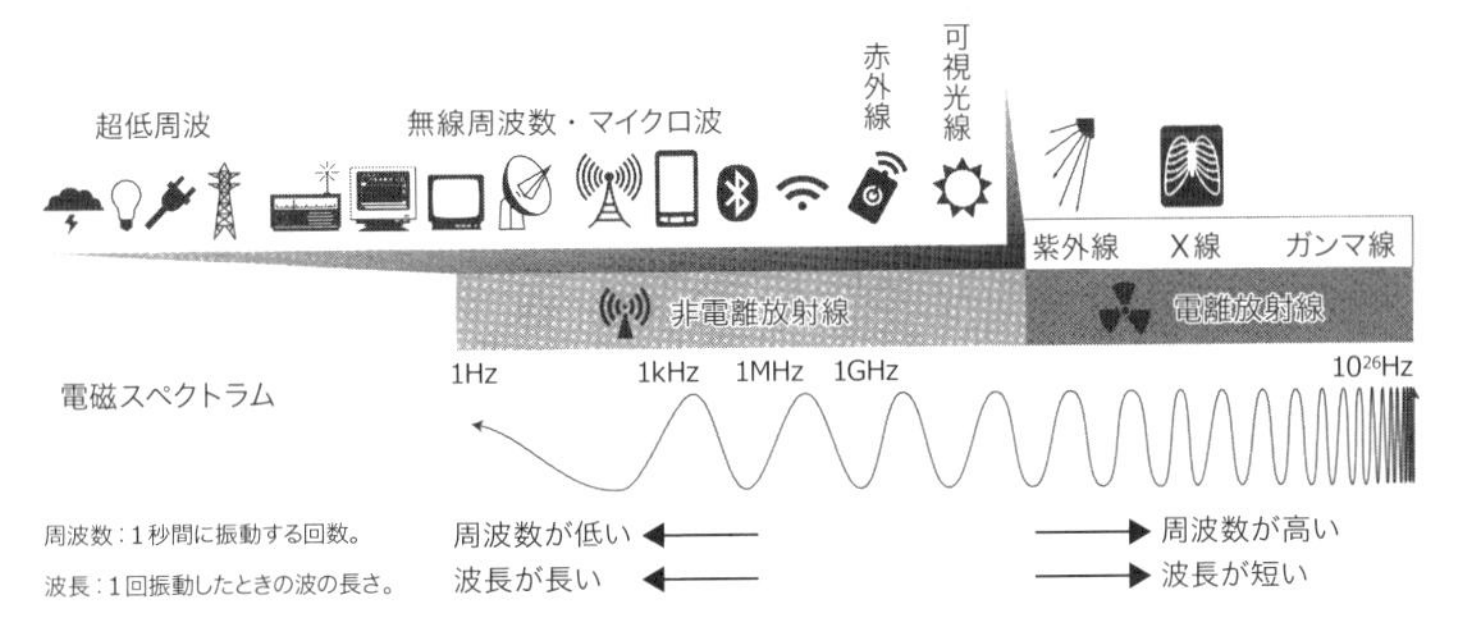

出典：Martin Blank "Over-Powered" (2013)

図 1–2　電磁波放射線の種類と用途

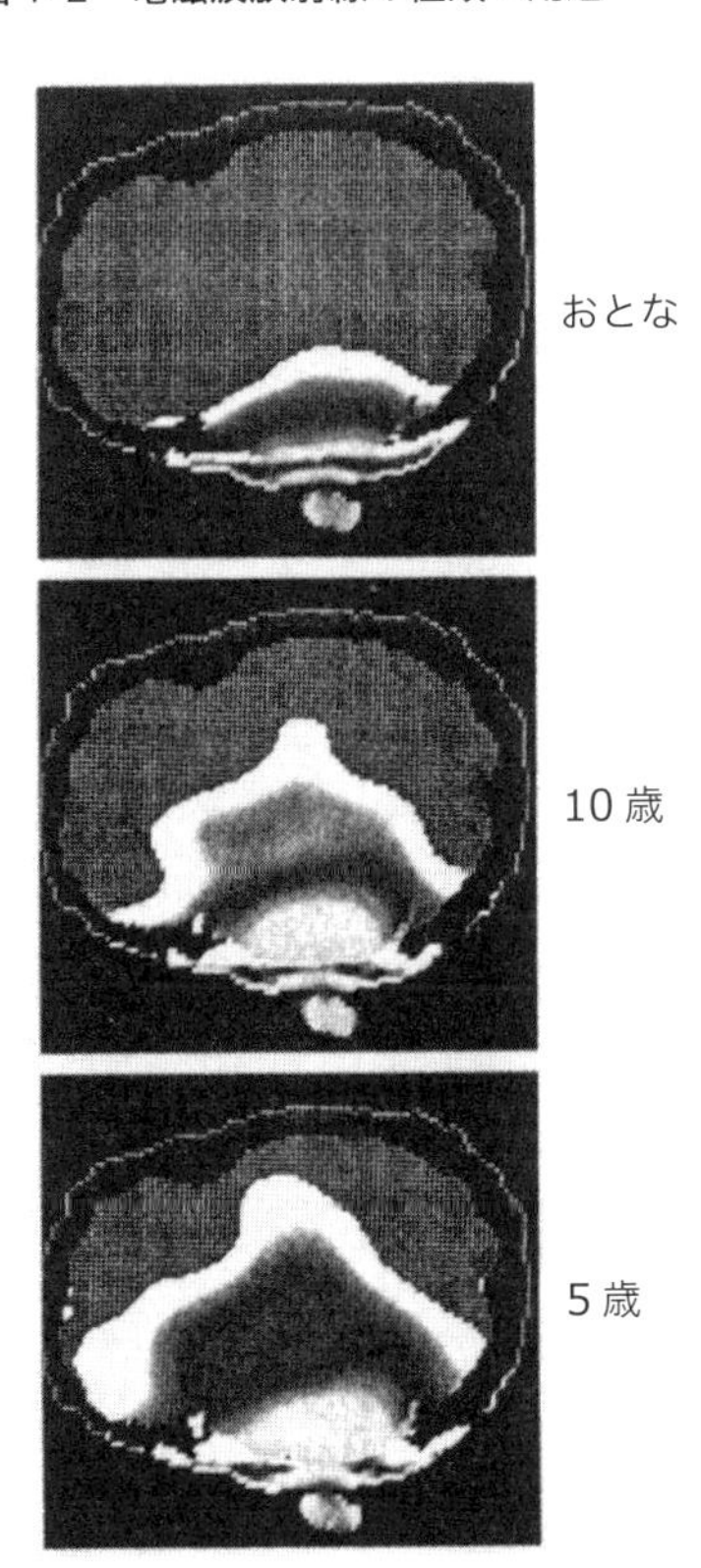

写真 1–6　携帯電話の電磁放射線が脳を貫く様子（出典：Om P. Gandhi et al., "Electromagnetic Absorption in the Human Head and Neck for Mobile Telephones at 835 and 1900MHz", *IEEE Transaction on Microwave Theory and Techniques*, Vol. 44, No. 10, Oct., 1996.）

「そばに他人のパソコンやタブレットがある」から、「学校の無線ＬＡＮは家庭の無線ＬＡＮより危険だ」とも言っている。

無線ＬＡＮにはどんな電磁放射線が使われているの？

周波数で言うと、２・４GHz（ギガヘルツ）帯と５GHz帯のもの。Ｇ（ギガ）は10億倍という意味。だから、２・４GHzっていうのは、１秒間に24億回振動するエネルギーの波という意味。電子レンジに使われているのとほとんど同じもの。５GHzというのは１秒間に50億回振動するエネルギーの波という意味。周波数が高いほうがエネルギーは強くなる（図１—２）。

１秒間に24億回も50億回も脳や体の細胞が振動させられたら、おかしくならないほうが変だよ。

子どもの頭の骨は柔らかくて、体も小さいから、電磁放射線から受ける影響は大人とは比べものにならないほど大きい。幼い子どもほど、脳が受けるダメージは大きくなる（写真１—６）。

■血液脳関門が開いて「スマホ認知症」になる

スマホやWi－Fiなどの電磁放射線を浴びると血液脳関門（ＢＢＢ）[*15]が開いて、脳に害のあるものが脳の中に入ることもわかっている。記憶に関係するところ（海馬）が傷ついたり、脳の神経細胞が死んだりするから、「もの忘れ」「老いて衰える」「記憶がなくなる」「学習能力の低下」などが起きてくる。

いまは小学１年生から、教室の中で無線ＬＡＮの電磁放射線を浴びているんだよ。

学校の無線ＬＡＮが子どもたちのＢＢＢを開かせるのは大問題。小さいときからスマホなど無線の端末機器を使い続けていると、大人になったときにアルツハイマー症[*16]などになる確率が高くなると言われている。日本より早くどこでもWi－Fiが使えるようになった韓国や中国では、いま10代以下の「スマホ（デジタル）認知症」

が問題になっている。

10代以下で認知症？　どんな症状が出るの？

大人の認知症と同じように、注意力や集中力が下がったり、記憶力が衰えて、自分の電話番号も覚えられない人が出てきている。日本も「物忘れ外来」に通う若者が増えているんだって。

電磁放射線がBBBを開かせるんだったら、多くの人が耳に付けているブルートゥースイヤフォン[*17]も危ないいんじゃない？

長い時間耳につけていると、脳が浴びる電磁放射線の量は半端じゃないから、BBBは開きっぱなしになっているかもしれないね。

■学習能力を低下させる

無線LANを使って勉強する時間が長くなればなるほどBBBが開くから、学習能力は落ちるよね。

それは世界的にも証明されている。経済協力開発機構（OECD）[*18]の2015年の学習到達度調査（PISA）で、「学校にパソコンの数が多いほど、数学の成績は下がる」「授業中にインターネットを使う回数が多いほど、読み解く力は下がる」ということがわかっている（図1―3）。日本の小学生の調査でも、「デジタル端末の教科書より紙のほうが読み解く力が高い」という結果が2022年に出ている。

無線LANのない教室で、パソコンを使わないで勉強するほうが、学習能力は上がるってことだね。

だから16歳までパソコンを使わせない学校もある。シュタイナー教育[*19]を行っている世界中の学校では、「デジタル化時代の子どもの教育憲章」を決めて、「教育施設と学校は、学校教育の初期にはアナログメディア（新聞や雑誌など）だけを使う権利と可能性をもっている」などを決めている。いま、この学校はすごい人気らしい。

学校のパソコン保有数と数学力の関係：
学校で生徒あたりのパソコン保有数が多い国ほど、数学の成績が悪くなる

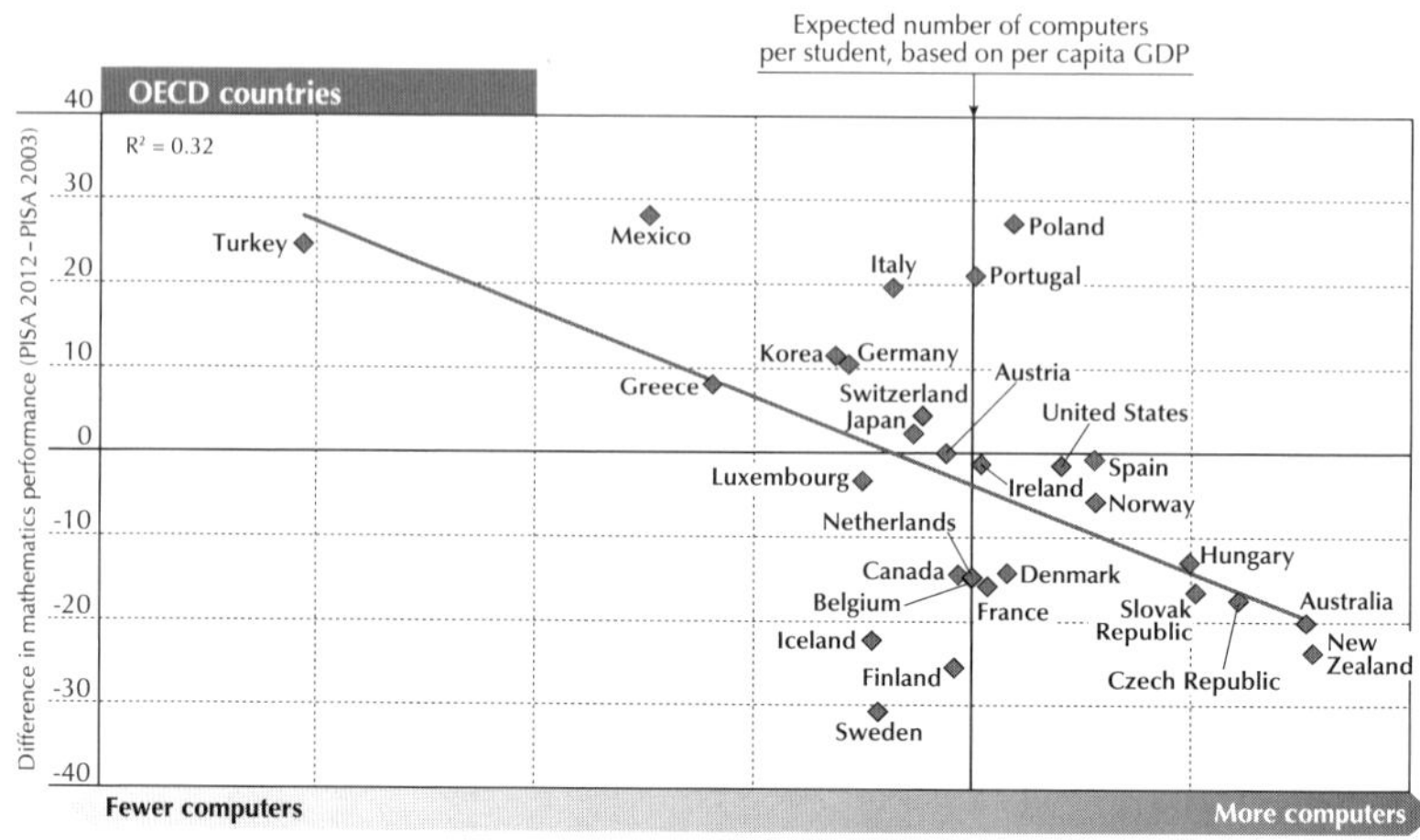

授業中のインターネット利用頻度と読解力の関係：
授業中のインターネット利用頻度が多い国ほど、読解の成績が悪くなる

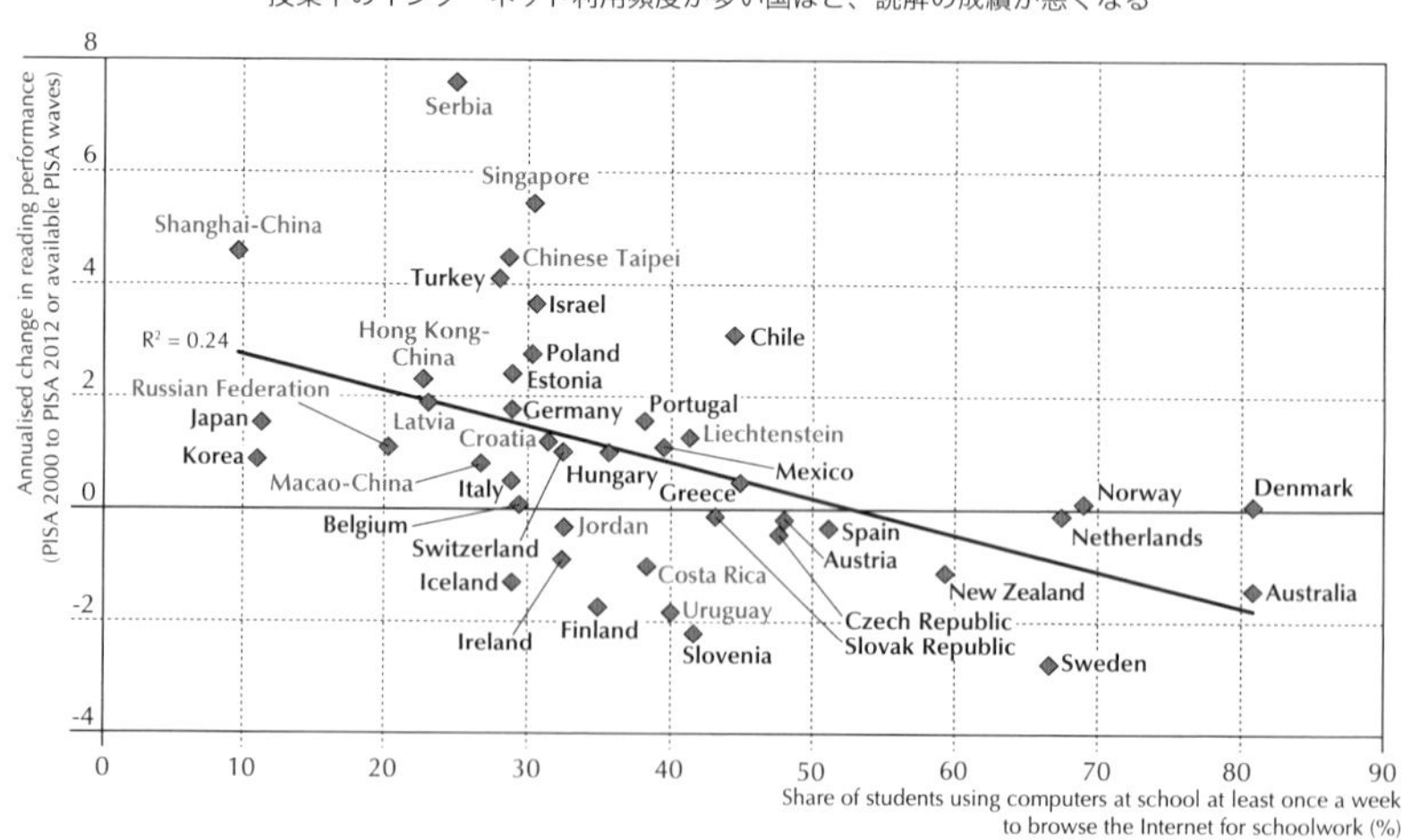

Notes: The annualised change is the average annual change in PISA score points. It is calculated taking into account all of a country's and economy's participation in PISA.
Source: OECD, PISA 2012 Database, Table I.4.3b (OECD, 2014) and Table 2.1.

出典：OECD (2015), "Students, Computers and Learning — Making the Connection", PISA, OECD Publishing.

図 1–3　パソコンを使うほど成績は下がる

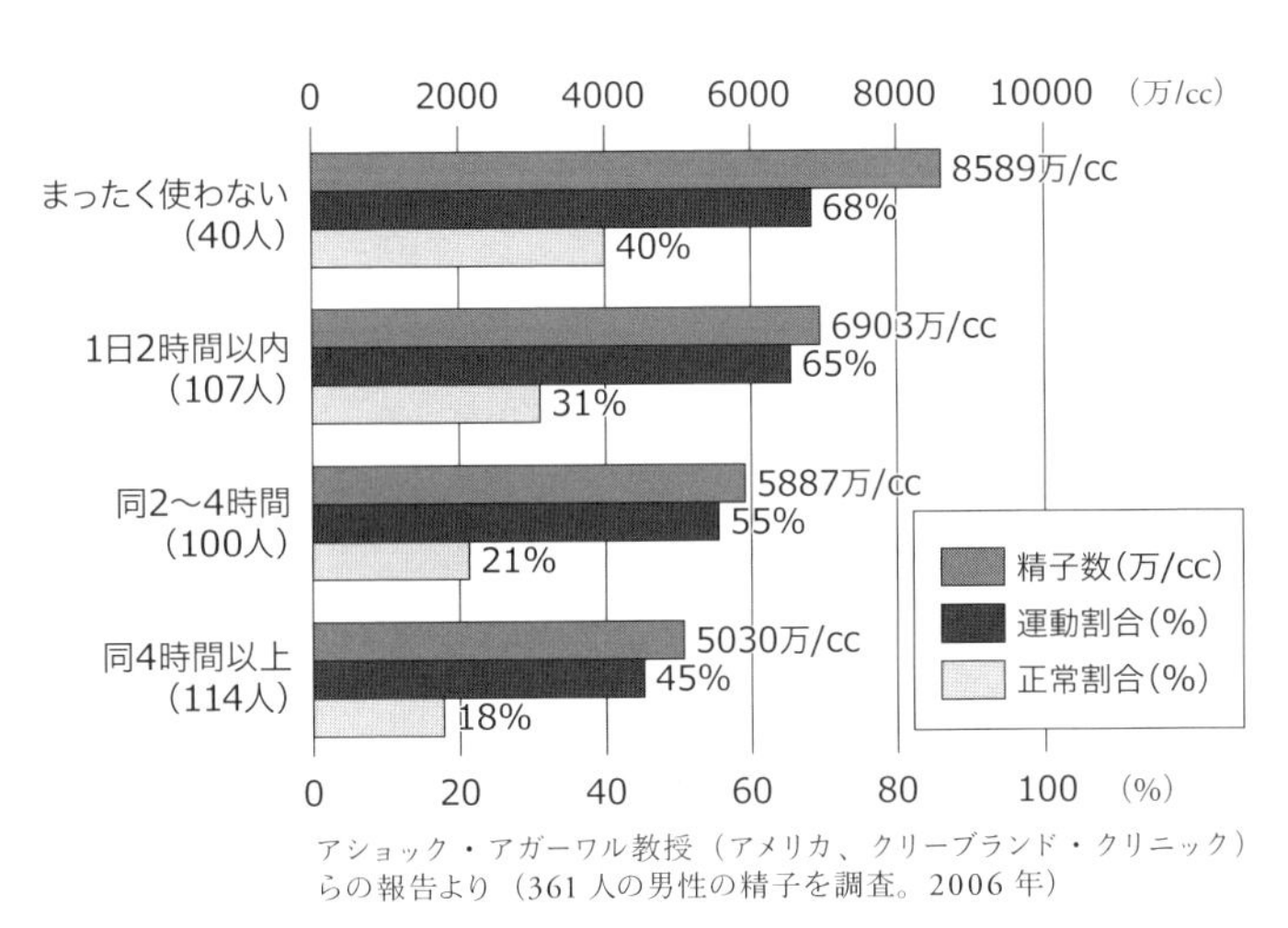

出典：大久保貞利ほか『知っておきたい身近な電磁波被ばく』（食べもの通信社、2020年）

図1–4　携帯電話使用による精子への影響

■胎児に悪い影響を及ぼす

電車の中で大きなお腹の上でスマホを使っている女性を見かけると、ついつい「お腹の赤ちゃん（胎児）は大丈夫かな」と心配になる。胎児に電磁放射線が当たると遺伝子が影響を受けて、奇形になったり、お腹の中で死んでしまったり、いろんな病気になったりすることがあるんだ。

でも、妊娠中に自分がスマホを使わなくても、満員電車の中で周りの人がみんな使っていれば、影響を受けるよ。

そういうときはシールドクロスをお腹に巻いて、胎児を守った方がいい。赤ちゃんの元になる卵子も電磁放射線の影響を受けるから、大人も子どももスマホやWi-Fiからは遠ざかっているほうが安全なんだ。

卵子だけじゃなくて、当然、精子も電磁放射線の影響を受けるよね。

スマホをよく使う男の人の精子は数が少なかったり、元気がなかったり、正常な形が少なかったりする（図1―4）。スマホをズボンのポケットに入れている人がいるけど、スマホはいつも電磁放射線を出して基地局とつながっているから、性器の近くで、体につけて持つのはすごく危険。

いま、スマホを使わない人なんてほとんどいないけど、電磁放射線の悪い影響を受けない使い方ってあるの？

一番のポイントは、「使う時間を少なくする」「使うときに体から離して使う」こと。話すときはスピーカーをオンにして使うといい。体につけてスマホをもたないように鞄に入れたりして体から離す。寝るときも、スマホを時計や目覚まし代わりに頭の近くに置かないこと。家でWi-Fiを使っているときは、使うときだけ電源を入れて、使わないときは切っておく。特にWi-Fiのある部屋で寝るときは必ず電源を切ることが大事。

■がんを発生させ、育てる

日本人が死ぬ原因の第1位はがんで、4人に1人はがんで亡くなっているけど、電磁放射線はがんにもすごく関係がある。国際がん研究機関（IARC）[*20]は、２００１年に送電線や家電に使われている電磁放射線（極低周波）、２０１１年にスマホやWi-Fiなどに使われている電磁放射線（高周波）を「発がんの可能性があるかもしれない」と認めている。健康な人の体でも1日に約５０００個のがん細胞ができていると言われるけど、そのほとんどは免疫細胞がすぐに退治して消える。ところが、がん細胞が電磁放射線を浴びると成長がうながされて、大きく育つ。

免疫細胞が働かなくなって、がん細胞が消えていかないんだね。

携帯電話がまだないときは男性で乳がんになる人はほとんどいなかったけど、携帯電話ができてからは男性の乳がんが年々増えている。日本では、２０１２年にほとんどの人が携帯電話を持つようになって、その年に男性の乳がん患者は前の年の2倍以上になった。スマホを胸のポケットに入れている男性が多いからだろうね。

女の人はあまりスマホを胸のポケットには入れてないよね。

スマホをブラジャーの中に入れて走る人もいるらしい。そうして走っていた若いアメリカの女性たちは、スマホが直接触れていたところに乳がんができた。

スマホを耳につけて話す人も多いから脳のがんも増えているんじゃない？

イギリスでは、１９９５年から２０１５年の20年間で、がん（脳腫瘍）にかかった人が2倍に増えたという調査がある。ちょうど携帯電話を持つ人が増えた時期と同じだから、主な原因は携帯電話の電磁放射線ではないかと考えられている。スウェーデンでもアメリカでも日本でも、若者の脳腫瘍が増えているという調査結果があるから、世界中で若者の脳腫瘍が増えている可能性が高いね。

3　被曝量は自然レベルの１００京(けい)倍になった

■２００8年に安全域を突破した

心電図とか、脳波図とか、筋電図とか、聞いたことあるでしょ。

心臓や脳、筋肉なんかの体に流れる電気を測ってグラフにしたものでしょ。

私たち生物の体はとても弱い電気信号によって動いているから、電磁放射線の影響を受けないところはないのに、いま、私たちが浴びている人工的な電磁放射線の量は、自然なレベルの１００京倍にもなっていると、プリヤンカ・バンダーラ博士[*21]たちは言っている。京は兆の1万倍で、兆は億の1万倍。だから京はゼロが16個つく数字。１００京はその１００倍だからゼロが18個つく。

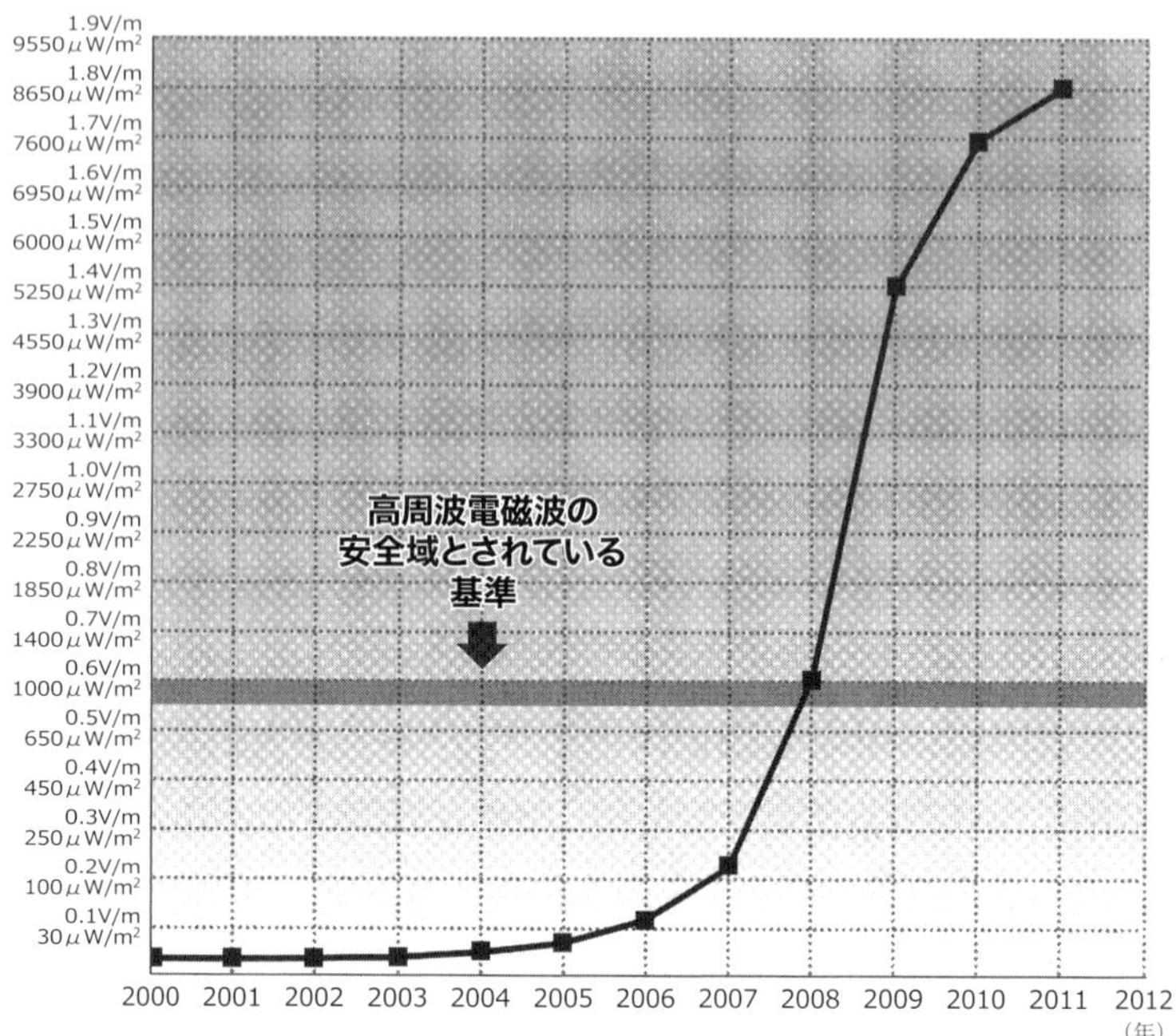

BioInitiative Reportによると、図表の真ん中下にある太い横ライン（0.6V/m）までが高周波ばく露の安全域とされている。Next-Upより

出典：内山葉子『スマホ社会が生み出す有害電磁波 デジタル毒——医者が教える健康リスクと超回復法』（ユサブル、2020年）

図1–5　都市に住む人たちが浴びる人工的な電磁放射線（マイクロ波）の増加推移

すさまじい量にさらされているんだね。

２０００年から２０１１年の都市に住む人たちが浴びる人工的な電磁放射線（マイクロ波）の量を調べた調査（バイオイニシアティブレポート）によると、浴びる量は２００５年あたりから急に上昇して、２００７年あたりからはうなぎ上り（図1—5）。２００８年には欧州評議会によって「それ以下が許せる限度の値」と決められた０・１μW／cm²（１０００μW／m²）を突破している。３年後の２０１１年には浴びる量が８倍以上の０・８６５μW／cm²になってる。

日本では２０２０年の春から５G（第5世代移動通信システム）が始まったから、私たちが浴びる電磁放射線の量は爆発的に増えているはず。２０２１年に都庁近くの西新宿で測った人によると16・6μW／cm²あった。欧米などで「電磁放射線は21世紀の公害」って言われていたけど、ほんとにものすごい公害になっている。

■鳥・昆虫たちの命を奪う

電磁放射線の影響を受けるのは人間だけじゃないよね。動物も植物も細菌も生きてるものはみんな影響を受ける。携帯電話を持つ人が増えて基地局が増えると、空を飛ぶ鳥たちがいっぱい影響を受けそう。

アメリカで1998年に行われた鳩レースでは、最大90％のレース鳩が行方不明になった。1990年代から2000年代初めは世界的に携帯電話の基地局が急に増えた時期で、大気中の電磁放射線が数十倍から数百倍に強まった時期。いまは4G（第4世代携帯電話）や5Gの基地局が増えたから、さらに鳥たちが被害を受けている。

2024年5月9日に日本鳩レース協会主催で行われた八郷国際委託鳩舎最終レースでは、参加した320羽のうち、帰還できた鳩は1羽もいなかった。ミツバチが世界的にいなくなったことも電磁放射線の影響が大きいという研究が多い。

4 規制値は時代遅れだ

■日本の規制値は世界一ゆるい

日本に電磁放射線を安全に使うための取り決めとかないの？

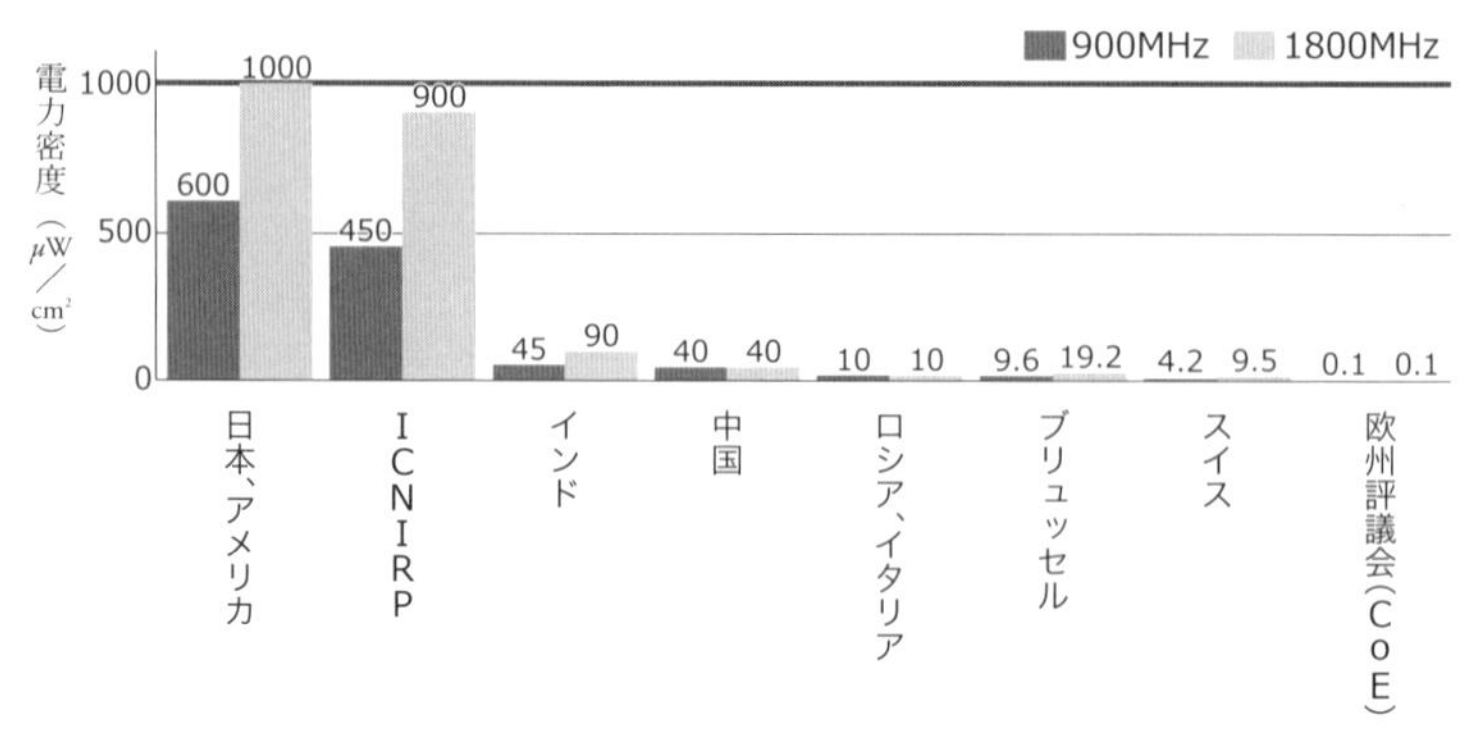

出典：古庄弘枝『GIGAスクール構想から子どもを守る』（鳥影社、2022年。総務省「各国の人体防護に関する基準・規制の動向調査報告書」他を基に作成）

図1–6　電磁放射線に関する各国の規制値

電波防護指針[*22]というものがある。例えば電磁放射線の周波数が1・8GHz（ギガヘルツ）の場合は1000μW／cm²以下にしなさいとしている。アメリカは日本と全く同じ値。他の多くの国は、国際非電離放射線防護委員会（ICNIRP）という国際機関が決めた国際指針値というものを採用していて、1・8GHzの場合は900μW／cm²（図1―6）。

　日本やアメリカよりも低い値だね。日本とアメリカが世界一高い値ということか。つまり、いちばん危険だということ？

そのとおり。例えば1・8GHzの規制値（超えてはいけない値）で比べると、インドは90μW／cm²、中国は40μW／cm²、ロシアやイタリアは10μW／cm²、欧州評議会（CoE）は0・1μW／cm²となっている。

　どうして、そんなに国によって規制値が違うの？

日本人が電磁放射線に対して世界一強い体をもっているわけではないのに、政府が国民の健康より企業がお金を儲けることのほうを大事にしてるからかな。

　電磁放射線の規制をしているところはどこなの？

スマホなどの電磁放射線（高周波）は総務省。送電線や家電などの電磁放射線（低周波）は経済産業省。両方とも電磁放射線の利用を進めているところで、そこが規制も兼ねているというわけ。子どもの健康を守る安全な規制値を決めるには、利用を進めるところじゃなくて、独立したところが必要だね。

■「予防原則」が大事だ

電磁放射線（高周波）が体に与える影響には「熱作用」と「非熱作用」があるけれど、日本の規制値もＩＣＮＩＲＰの規制値も、「熱作用」というものを基準につくられている。「熱作用」はとても強い電磁放射線によって引き起こされるもので、当たると体の温度を上げる発熱作用のこと。「非熱作用」はとても弱い電磁放射線によるもので、発熱作用以外のあらゆる作用のこと。世界中で電磁放射線についての研究が進めば進むほど、「頭が痛い」「記憶力が衰える」「眠れない」「がんができた」などの症状はみんな非熱作用によるものだということがわかってきた。

だから、多くの国が規制値を厳しくしてきたんだね。

欧州評議会（ＣｏＥ）は、いまのＩＣＮＩＲＰの基準値では人間や動植物、昆虫に「害がある」として、予防原則[＊23]を大事にするべきだと２０１１年に決めた。そして、許せる限度値を０・１μW／cm²としたけど、予防原則に従って将来はさらに厳しい０・０１μW／cm²へと引き下げることも決めた。電磁放射線症の人たちの相談をたくさん受けてきたオーストリア医師会は、それよりもさらに厳しい「０・０００１μW／cm²以下が安全な値だ」と２０１２年に決めている。

5　5Gは地球を丸ごと汚染する

■100mおきに5G基地局がつくられる

よく行くコンビニ近くの柱に四角い箱のようなものがついたけど、あれは何？

あれは5Gの基地局。5Gの基地局は箱型の他にもガラス型やマンホールの下に埋められたものもあるから、ほんとうにわかりにくい（写真1―7）。5Gに使われている電磁放射線はとてもたくさんの情報量を送ることができるけど、遠くまで飛ばないから100mおきくらいに基地局が必要になる。それで政府は、全国に約21万基ある信号機に5Gの基地局をとりつけて使おうとしている。

なぜ、そんなに5Gが必要なの？　町が基地局だらけになる。

これまで政府は、「我が国がめざすべき未来社会の姿」として、「Society（ソサエティ）5・0」[*24]（図1―7）とか、「デジタル田園都市国家構想」[*25]とか言ってきたけど、それに欠くことのできない技術が5Gで、「超高速・大容量」「超低遅延」[*26]「多数同時接続」の3つの特徴がある。2時間の映画を3秒でダウンロードできたり、ロボットなどの操作がリアルタイムの通信でできたり、部屋の中にある約100個の端末やセンサーをネットに同時につなぐことができるとされている。政府は2023年までに約9割の人が5Gを使えるように基地局を整備するとしていたけど、まだまだ、そうなってはいないみたい。

■使われたことのないミリ波が使われる

町中が5Gの基地局だらけになって、私たちみんなが5Gの電磁放射線を浴びるようになったらど

3.7GHz 帯用の楽天モバイルの平面型アンテナ（左）
（出典：https://corp.mobile.rakuten.co.jp/news/press/2020/0324_01/）
日本電業工作の 3G ～ 5G（700MHz ～ 6GHz）共用可能な筒型アンテナ（中央）
（出典：https://www.den-gyo.com/product/product01_002.html）
日本電業工作の 4G および 5G（Sub6）用の筒型アンテナ（右）
（出典：https://www.den-gyo.com/product/product01_076.html）

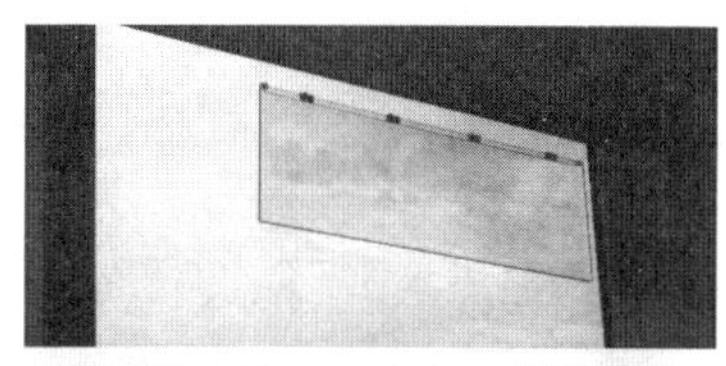

AGC とドコモによる 5G 用のガラス型アンテナ（上）
（出典：https://www.agc.com/news/detail/1200821_2148.html）
日本電業工作の 5G（Sub6）用のフィルム型アンテナ（下）
（出典：https://www.den-gyo.com/news/2021/20210428.html）

写真 1–7　さまざまな 5G 基地局（出典：古庄弘枝『GIGA スクール構想から子どもを守る』鳥影社、2022 年）

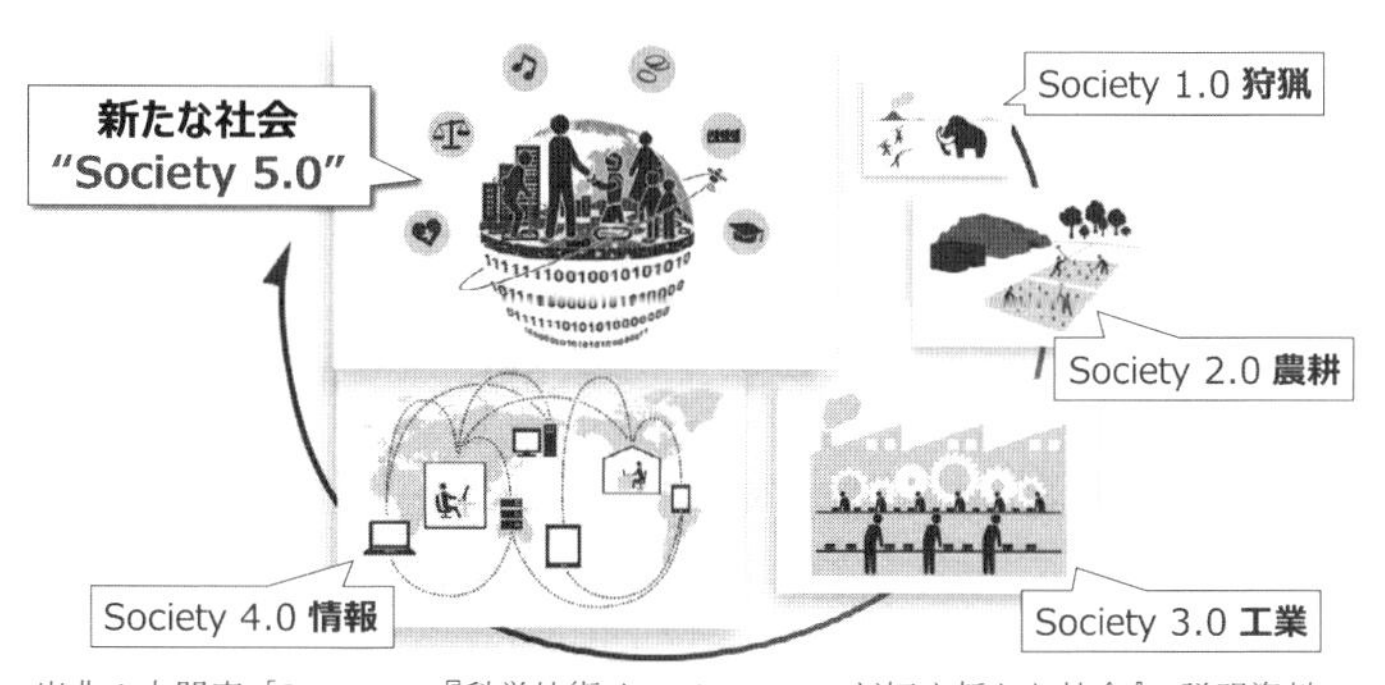

出典：内閣府「Society 5.0『科学技術イノベーションが拓く新たな社会』説明資料

図 1–7　Society 5.0 とは

うなるの？

ベルギーには、「ブリュッセルの人々は、私が利益と引き換えに彼らの健康を売り渡してしまえるようなモルモットではない」と２０１９年に言って、５Ｇに反対した大臣（首都ブリュッセルの首都地域政府のセリーヌ・フレモー環境大臣）がいた。残念なことに、ブリュッセルは５Ｇの基地局を許可する政府の命令が２０２３年に議会でとおって、２０２３年９月から５Ｇのサービスが始められた。フレモーさんは５Ｇにミリ波[*27]が使われるから反対したんだ。

ミリ波はこれまで人間が生活するなかで放射されることはなかったから、その安全性がまったく確かめられていない。アメリカ軍が「殺さないけど傷つける」兵器として有名な電子銃に使ってきたのがミリ波。ミリ波は水に吸収されやすいから、約70%が水分の人体への影響も心配されている。特に水分が多い目や脳に与える影響はどれほど大きいかわからない。体がまだ発達していない赤ちゃんや成長途中の子どもたちは、特に気をつけないといけない。

長野県に住む電磁放射線症の人は５Ｇ基地局の近くを通ったとき、頭がとても痛くなって、足の関節も痛くなって足が重く、息がしにくくなったって。

スマホの進歩って5Gで終わるの？　6G、7Gって続くの？

ＮＴＴドコモは２０３０年ごろに６Ｇのサービスを始めたいと言っている。ミリ波よりさらに波長が短いテラヘルツ波[*28]を使うって。

人間って、どこまで電磁放射線を利用すれば、止まるの?!

■地球と宇宙で5Gを廃止しろ

世界中で心ある研究者たちは5Gに反対してきた。２０１７年には、36カ国１８０人以上の科学者と医師が、欧州委員会[*29]に対して「５Gを進めることの一時停止を求める声明文[*30]」を出した。２０１８年には、アーサー・ファーステンバーグさん[*31]が「地上と宇宙での5G廃止に向けて[*32]」という国際アピールを発表して、「宇宙衛星からの通信を含めて5Gを進めることをやめるように」と呼びかけた。

国際的な反対運動があったんだね。世界中の反応は？

アーサーさんによると、２０２の国と地域から数千の組織と数十万の個人から署名が集まって、２０２１年1月25日には、35カ国で5Gの停止を求めるデモや抗議する活動が行われた。でも、世界中で5Gは停止されていない。いま、グーグルやX（旧twitter）、アマゾン、スペースXなどが、高速無線インターネットを地球上のどんなところでも使えるように競って人工衛星群を打ち上げている。どれくらいの人工衛星が地球の周りを回っているか、わからない。

宇宙が人工衛星で満杯になりそうだね。

電磁放射線の問題は地球だけじゃなくて「宇宙丸ごとの環境問題」になってしまった。

■5Gを「制限」「規制」する

ブリュッセルの他にも5Gを停止していたところはあるの？

スイスでは２０１９年4月からヨーロッパで初めて5Gが始まったんだけど反対運動が広がって、２０２０年1月に政府は「5Gの使用停止」を決めた。２０２４年現在は5Gも使えるようになっているけど、国民の反対が強いから、ミリ波は使っていない。２０２４年現在、ほとんどの国で5Gが進められているけれど、イタリアは、市民の大きな反対運動があって、きびしい規制値（$10\mu W/cm^2$）を保って５Ｇを拒否している。

日本で５Ｇを規制する条例とか、決めた自治体はあるの？

「いのちと環境を考える多摩の会」が２０２０年９月に、多摩市に５Ｇの基地局を建てることを規制する条例を求めて陳情[*33]を出している。条例はできなかったけど、多摩市はその訴えを認めて、２０２１年３月に市議会議長と市長の名前で、陳情の内容を入れた要請文を各通信事業者に出した。だから多摩市では簡単に５Ｇの基地局は建てられない。

すべての県議会とか市議会が「５Ｇ禁止」を決めたら、国中で５Ｇが停止できるのにね。

6　避難場所をつくる

■「あれっ」という違和感がある

どうして電磁放射線の問題について調べるようになったの？

きっかけは、ルイが住んでいた家の近くに携帯電話の基地局ができたこと。知らないあいだに基地局が１００ｍぐらい先にできていた。

基地局ができてから、何かいままでと違うことが起きたの？

「あれっ」って思うことが多かった。パソコンを離れてもいつまでも頭に何かが詰まったような感じで、「あれっ、何か変だな」と思っていたし、物忘れも多かった。2階から1階に行くと、「あれっ、何しに1階に来たんだっけ」って思うことがたびたび。肩こりもひどかったし、頭の中が鳴っているような感じもあった。「あれっ、何か変」という小さな違和感が積み重なっていたね。

それが電磁放射線の影響だとどうしてわかったの？

電磁放射線の悪い影響を知識として知っていたから。それでも、基地局が１００ｍ先にあるなんて知らなかったから、「あれっ」という違和感と基地局を結びつけて考えることができなかった。基地局があることを知って初めて、「これが、電磁放射線の悪い影響なんだ」とわかった。それから、家を離れて、基地局のないところに行ってみた。すると、頭の詰まった感じも、物忘れも、ひどい肩こりもなくなった。それで、原因は基地局からの電磁放射線だと確かめられた。「あれっ、何か変」と思ったら、その場所を離れること。自分の「あれっ」って思う感覚を無視しないことが大切だね。

■基地局周辺で健康被害が発生している

基地局を取り去ることができたの？

基地局が建っている土地の地主さんを探して話をすると、地主さんはすぐに携帯電話会社に連絡してくれた。他の場所にそのエリアをカバーする基地局ができるから、半年後にその基地局は取り去られるということだった。

それから、家の周りの基地局について調べてみたら、あちこちに基地局が建っていた。特に、駅に近いビルの上にはいっぱい建っていた（写真１―８）。そして、基地局のまわりに、鼻血を出したり、頭が痛かったり、眠れないという人たちが全国にたくさんいることを知った。

九州では訴訟もたくさん起きていた。２００２年には、大分県別府市で16歳未満の子ども25人がＮＴＴドコモを訴えた裁判もあった。その裁判で原告代表となった当時小６の福田晴香さんは、『研究もせず、国の基準のことしか言わない無責任なひきょう者が、命を失うかもしれないこの電波塔のことを、おし進める権利はないと思います[*34]」と、法廷で堂々と意見を述べている。

写真 1–8　身の周りにあるさまざまな基地局
（撮影：著者）

■日本初・町営の避難施設ができた

基地局を取り去るまでの半年間、ずっと家にいたの？

「安全な場所」に行きたいと思ったけど、簡単には見つからなかった。そんなとき、ある人に紹介されたのが福島県南会津町にある「あらかい健康キャンプ村」（以下、「あらかい村」）（**写真1―9**）。初めて行ったのは2008年6月だった。キャンプ場の跡地にあったからキャンプ村という名前がついていたけれど、もともとは小学校の跡地。荒海山（あらかいさん）のふもとにある山間の場所で、電磁放射線も化学物質もほとんどなくて、電磁放射線症や化学物質症の人が安心して避難できる場所、日本で初めての町営の転地療養施設[*35]。自治体が運営する避難施設なんて、世界中でそこだけだった。

どうしてそんな場所が南会津町にできたの？

きっかけは、都会で電磁放射線症と化学物質症になったIさんが、電磁放射線や化学物質のない場所を求めて南会津町にやってきたこと。そして、そのときに町長をしていたのが湯田芳博さんだったから。湯田さんはIさんたちが困っていることを解決することこそが「21世紀に求められるものだ」と強く感じて、あらかい村をつくることに全面的に協力した。あらかい村には専属のスタッフがいて、毎日、無農薬の玄米ごはんと「一汁二菜」のおかずを作ってくれたから、来た人たちはみんな体を休めて体力を取り戻すことができた。

写真1–9　あらかい健康キャンプ村（撮影：著者）

いまもあらかい村はあるの？

残念ながらいまはない。２０１７年にあらかい村のまわりで工事が始まったり、ゲリラ豪雨で水道の設備が壊れたりして、あらかい村は安心して療養できる場所ではなくなった。２０１９年には裏山で土砂崩れが起きたり、イノシシがあらかい村の庭のほとんどを掘り起こしたりして「利用者の安全性が確保できない」ということになって、利用者の受け入れが中止され、２０２０年末で閉じられた。あらかい村に避難して元気を取り戻した人は、２００７年から２０２０年までの14年間で約１６０人いる。

7　隣のスマートメーターに注意しろ

■１ｍ先に隣のスマートメーターができた

何か、電磁放射線について気になっていることってある？

　家の隣はずっと空き地だったけど、そこに家がたくさん建って、隣の家のスマートメーター[*36]（写真1―10）がうちの家に向かってついた。距離はたったの１m。

それは困ったね。アユの家のメーターはまだくるくる回るアナログメーターでしょ。

　電力検針器の下に「スマートメーターに変えないでね」って、張り紙をしておいたら変えられなかった。

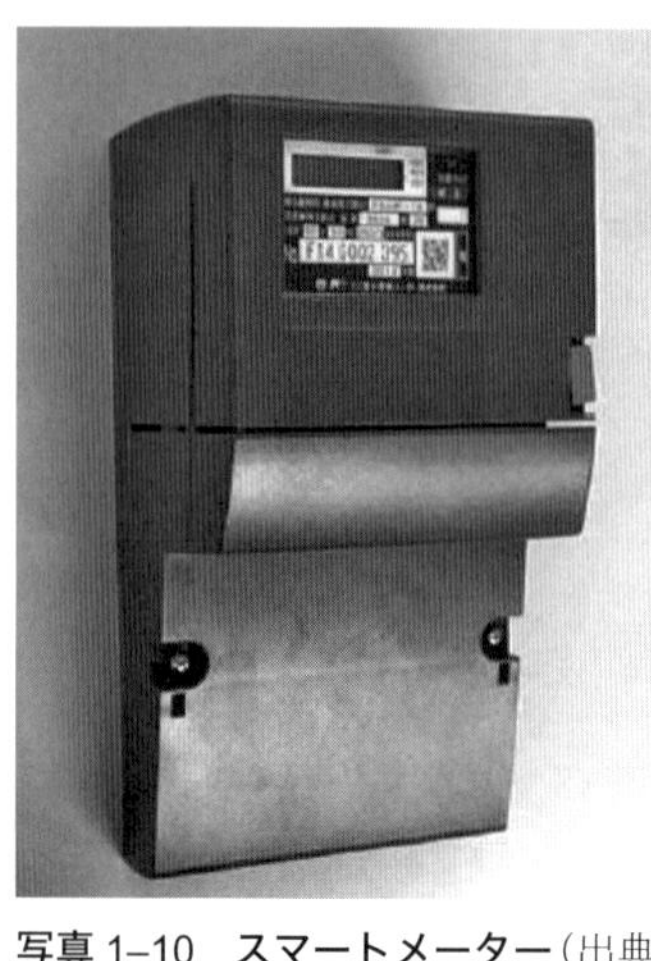

写真 1–10　スマートメーター（出典：東京電力 HP より）

スマートメーターへ変えなくてはいけないという法律はないから、こちらが「スマートメーターに変えたくない」と言えば、電力会社は他のアナログメーターへ変えたり、スマートメーターの通信部を外したりしてくれる。

　自分のところは「スマートメーターに変えないで」と言っても、隣の人がそうしないと言えば、無理でしょ。うちもお隣に交渉して、電磁放射線による健康被害のことも話したけど、「東京電力は問題ないということでした」って、聞く耳をもたないみたい。

お隣さんとは仲良く暮らしたいから困ったね。折をみて話す

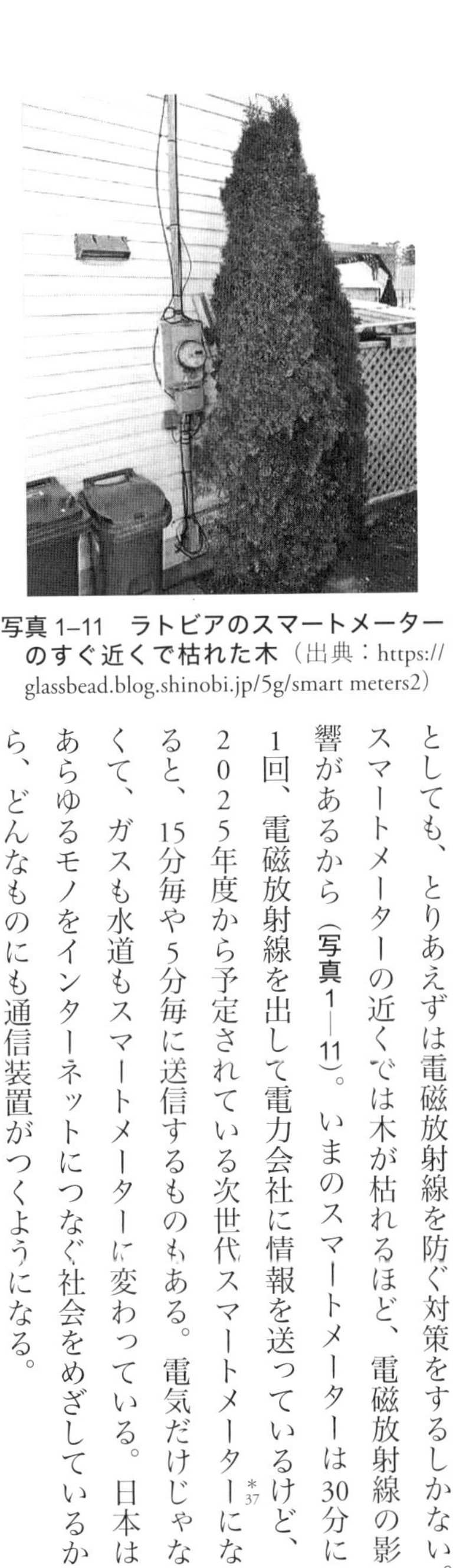

写真1–11　ラトビアのスマートメーターのすぐ近くで枯れた木（出典：https://glassbead.blog.shinobi.jp/5g/smart meters2）

としても、とりあえずは電磁放射線を防ぐ対策をするしかない。スマートメーターの近くでは木が枯れるほど、電磁放射線の影響があるから（写真1―11）。いまのスマートメーターは30分に1回、電磁放射線を出して電力会社に情報を送っているけど、2025年度から予定されている次世代スマートメーター[*37]になると、15分毎や5分毎に送信するものもある。電気だけじゃなくて、ガスも水道もスマートメーターに変わっている。日本はあらゆるモノをインターネットにつなぐ社会をめざしているから、どんなものにも通信装置がつくようになる。

「スマートメーターに変えないと法律で罪になるということはない」から、安全を求めてできるだけスマートメーターに変えないことが大事。何より、電磁放射線の危険性を多くの人が知るようにならないと。電磁放射線にさらされない家にするために協力することができないからね。

■地球にアースする

これから先、電磁放射線の波の中を生き抜くために、どうしたらいいんだろう。

「気にしつつ、気にしない」生活というところかな。あまり、電磁放射線のことばかり考えていると楽しくない。かといって、完全に無視していたら自分も周りの人も健康でいられない。「あれっ」って思うことがあれば、何でも相談して。子どもを守るのは大人の責任だから。

電磁放射線が体に与える影響について、小一のときから学校でも話してくれたらいいのに。

そうするようにこれからもっと学校にはたらきかけないとね。知らないことには気をつけようがないから。「自分のこととして知る」「知らせる」ことが大事。日本のマスコミは電磁放射線が体に悪いとは知らせないから、知った人が周りに知らせるしかない。それから、自然の中で遊ぶことがとても大事だよ。海に入ったり、砂浜で遊んだり。裸足で土の上を歩くのもいい。地球にアースすることで体にたまった電磁放射線が出ていくから。

学校行事で田植えをしたことがあったけど、泥の中に足を入れたりするのもいいんだよね。

すごくいいね。裸足になって大きな木を抱きしめるのも、アースされて気持ちいいよ。

ルイの子どものころは携帯電話もスマホもなかったから、メールなんて言葉もなかった。仲のいい友達とは文通していた。好きな便箋と封筒を集めて、ときどきは押し花や紅葉した葉っぱなんかも同封して。友達からの手紙が届くのが楽しみで、毎日ポストを覗いていた。アユも、友達と手紙やはがきを交換したらいいよ。

注

＊1　**みんなにタブレットが配られた**　政府の「ＧＩＧＡスクール構想」（２０１９年12月）にもとづいて行われた。この構想は、全国の小中高校生全員に1台のパソコン（タブレット）を配り、学校で高速のインターネット通信ができるようにするというもの。ＧＩＧＡとはGlobal and Innovation Gateway for Allの略で、「すべての人にグローバルで革新的な入口を」の意味。

＊2　**無線ＬＡＮ**　機器を無線でつなぐＬＡＮ（「ローカル・エリア・ネットワーク」の略）のこと。建物の中などで複数の端末をつないで情報を交換したり、インターネットにつないで情報を送受信したりできるネットワークのこと。Wi-Fiは無線ＬＡＮの通信方式の1つの種類。

＊3　**アクセスポイント**　無線ＬＡＮの電磁放射線を送受信する機器のこと。無線ＬＡＮ専用の基地局（アンテナ）のようなもの。

＊4　**電磁放射線症**　電磁放射線（電磁波）を浴びることで出る症状のこと。頭痛、イライラ、耳鳴り、不眠など。一般的には「電磁波過敏症」と呼ばれているが、過敏だから症状が出るのではなく、電磁放射線を浴びることで出る症状。本書では「花粉症」という言い方にならって電磁放射線症と呼ぶ。電磁放射線は電場と磁場でつくられるエネルギーの波。1秒間に振動する回数を周波数と言い、Hz（ヘルツ）という単位で表される。

＊5　**化学物質症**　化学物質の影響を受けることで出る症状のこと。吐き気、喉の痛み、頭痛、だるさ、思考低下など。一般的には「化学物質過敏症」と呼ばれているが、本書では「花粉症」という言い方にならい、化学物質症と呼んでいる。

＊6　**μW（マイクロワット）／cm²（平方センチメートル）**　電磁放射線の密度を表す単位。μは「100万分の1」。μW／cm²とは1cm²あたりに何μWのエネルギー量が通過するかを表している。

＊7　**偏頭痛**　頭の片側に突然起こる激しい頭痛のこと。

＊8　**デジタル教科書**　2024年度から小学5年生と中学3年生の「英語」をデジタル教科書にし、その後、「算数・数学」のデジタル教科書が検討される予定。

＊9　**クラウド版**　インターネットにつないで外部のサーバー（コンピューター）にあるアプリケーション（応用ソフト）を利用するスタイル。クラウドは「雲」の意味。

＊10　**欧州評議会（CoE）**　「ヨーロッパ審議会（Council of Europe）」とも呼ばれる。1949年にヨーロッパの10カ国でつくられた国際的な組織。現在は47カ国が参加している。歴史上最初の国際会議を行い、経済、社会、文化の分野で数々のヨーロッパ条約をつくっている。日本は1996年からオブザーバーとして参加している。事務局はフランスのストラスブールにある。

＊11　**決議**　2011年5月27日に採択された「決議1815」のこと。タイトルは「電磁場の潜在的な危険性と環境への影響」。電磁放射線症の人に特に注意をはらい、「電波のない場所」をつくるなど、彼らを保護するための特別な措置を導入することも決めている。

＊12　**2015年に決めた法律**　「電磁波ばく露の抑制、透明性および協議に関する法律」。2015年2月9日に制定された。

＊13　**マグダ・ハバスさん**　カナダのトロント大学環境学部名誉教授。

＊14　**自律神経**　意志とは関係なく、内臓、血管、分泌腺などを自動的に調節する神経のつながり。

＊15　**血液脳関門（BBB）**　脳を守るために、脳の中に異物や毒物が入らないようにしている関門。

＊16　**アルツハイマー症**　脳の細胞が縮んで、ひどい物忘れや、場所や日時がわからなくなったりする症状が出る。認知症のひとつ。

＊17　**ブルートゥースイヤフォン**　短距離の機器どうしを無線でつなぐ通信技術のひとつ。スマホとイヤフォンやスピーカーをつないだり、パソコン・タブレットとマウスやキーボードなどの機器をつなぐ。

＊18　**経済協力開発機構（ＯＥＣＤ）**　国際的な経済の安定、貿易の拡大、発展途上国に対する援助などを目的とする国際協力機関。

＊19　**シュタイナー教育**　オーストリアのルドルフ・シュタイナー（思想家・哲学者）が呼びかけた教育。子どもたちが自分で考え、感じることを大切にし、自分の意思に基づいた行動ができることをめざしている。

＊20　**国際がん研究機関（ＩＡＲＣ）**　世界保健機関（ＷＨＯ）の下にある機関で、がんの対策・研究を国際協力によって進めようとする組織。１９６５年創立。本部はフランスのリヨンにある。

＊21　**プリヤンカ・バンダーラ博士**　アメリカの独立した科学機関、オセアニア無線周波数科学アドバイザリー・アソシエーション所属。

＊22　**電波防護指針**　郵政省（現・総務省）電気通信技術審査会が答申した（意見を述べた）「電波利用における人体の防護指針」（１９９０年）と、「電波利用における人体防護の在り方」（１９９７年）の２つを合わせたもの。規制する電波（電磁放射線）は10kHz〜３００GHz。

＊23　**予防原則**　危険性がその時点で十分に証明されていなくても、引き起こされる結果が取り返しのつかなくなるような場合に、予防的な処置として対応するという考え方。

＊24　**Society（ソサエティ）５・０**　「超スマート社会」とも呼ばれる。「Society 1.0」（狩猟社会）、「Society 2.0」（農耕社会）、「Society 3.0」（工業社会）、「Society 4.0」（情報社会）に次ぐ社会とされている。

＊25　**デジタル田園都市国家構想**　「ゆりかごから墓場まで」（生まれてから死ぬまで）、教育、生活、医療のすべてにおいて、最先端のサービスをデジタルですることをめざす政府の考え。

＊26　**超低遅延**　利用者が時間のずれを感じないで、リアルタイムで遠く離れた場所のロボットなどを操作し、コントロールできること。

＊27　**ミリ波**　波長が１〜10㎜の電磁放射線のこと。周波数帯は30GHz（波長10㎜）〜３００GHz（波長１㎜）。５Ｇには周波数28GHzの電磁放射線が使われている。その波長は厳密には10㎜より長いが、ミリ波に近いためにふつうミリ波と呼ばれている。

＊28 **テラヘルツ波**　電波と光の中間にある電磁放射線で、周波数1テラヘルツ（THz）前後の電磁放射線。1テラ（T）は1兆。周波数1THzとは1秒間に1兆回振動するエネルギーの波という意味。波長は100ミクロン（μ）から1ミリメートル（mm）。ミリ波よりさらに直進性が強まり、生態系への影響は未知数。

＊29 **欧州委員会**　ヨーロッパ連合（EU）の行政（政治）を行う機関。加盟する28カ国から人ずつ選ばれた28人の委員が中心になってEU全体にまたがる法案や政策などをつくる。

＊30 **「5Gを進めることの一時停止を求める声明文」**　「ヒトの健康と環境に対してひそんでいる危険性が、5Gを進める会社などと関係のない科学者たちによって完全に調査されるまで、5Gを進めることを一時的に停止すること」を求めた。

＊31 **アーサー・ファーステンバーグ**　電磁放射線の問題にとりくむ科学者・ジャーナリスト。著書に『電気汚染と生命の地球史――インビジブル・レインボー』（ヒカルランド）がある。

＊32 **「地上と宇宙での5G廃止に向けて」**　「5Gを進めることは、国際法で罪とされるような、人の体や環境を実験台とする危険性をもっている」という内容。

＊33 **陳情**　公的な機関に実情を訴えて、なんらかの解決策を行うことを求めること。「いのちと環境を考える多摩の会」が出した陳情は、「5G基地局設置に関する条例制定に関する陳情」。「情報の公開」「住民への説明」「環境因子（電磁放射線など）に敏感な人々の保護について」の3点を入れることを求めた。千葉県野田市でも同じような陳情が出された。

＊34 **福田晴香さんの発言**　『隠された携帯基地局公害　九州携帯電話中継塔裁判の記録』（九州中継塔裁判の記録編集委員会編著、緑風出版）より。

＊35 **転地療養施設**　汚染のない空気の新鮮な土地に一時的に住んで療養する施設。

＊36 **スマートメーター**　電気の使用量を30分ごとに電力会社に電磁放射線で送信する電力検針機のこと。

＊37 **次世代スマートメーター**　現在のスマートメーターの周波数は920MHz帯だが、次世代ではWi-Fi通信ができる2・4GHzの周波数帯も使われる予定。

第2章　有害化学物質はなくせないの？

有害化学物質から身を守るための10カ条

❶香りつきの洗剤や柔軟剤は使わない。石けんを使う。
❷マイクロカプセルが入っている柔軟剤などは使わない。
❸プラスチック製品を買わない・使わない・着ない。
❹プラスチックの袋に入ったお茶は袋から出して使う。
❺マイバッグ・マイボトル・マイ箸を持参する。
❻容器を持って行って、量り売りを利用する。
❼プラスチック容器に入った弁当や食べものは買わない。
❽フッ素加工のフライパンやホットプレートは使わない。
❾包装紙に有機フッ素化合物[*1]（ＰＦＡＳ＝ピーファス）が使われているファストフード店には行かない。
❿ＰＦＡＳが入っているかもしれない水は浄水器でこしてから使う。

1　香害は公害だ

■給食着が臭い

給食当番が着る給食着は、当番だった人が洗濯して、次の当番の人に渡すんでしょ。その給食着が「臭い」っていう話を聞くけど、どう？

臭いよ。うちは石けん洗剤で洗っているけど、ほとんどの友達の家は合成洗剤や柔軟剤を使っているから、臭い。10回洗ってもニオイは完全にとれない。

給食着に染みついた柔軟剤のニオイが原因で化学物質症になった小学生がいて、湿疹が出たり、皮膚がただれたり、毎晩、喘息の発作を起こしたりして、苦しんだらしい。結局、自分専用の給食着を買って使うようにしてから症状は起きなくなったみたいだけど。子どもが持ち帰る給食着のニオイで体調を壊した親も多い。

うちのお隣さんも合成洗剤や柔軟剤を使っているみたいで、お隣さんが洗濯物を干したすぐ後はニオイが半端ない。

それって香害（こうがい）って言うんだよ。香害はけっこう知られてきて、辞書にも「強い香りによる害（香りに含まれる化学物質によって体調が悪くなることがある）」（三省堂の国語辞典）って書いてある。

香害って、空気をニオイで汚すことだよね。香りをつけている人は、他の人の「きれいな空気を吸う権利」を奪っていることになるね。

大人の場合、1日にとる空気の量は約20kg。1日にとる食料は約2kg、水も約2kg（約2ℓ）。つまり、空気は食料や水の約10倍も必要というわけ。1週間何も食べなくても、72時間水を飲まなくても生きていけるけど、

10分空気を吸わないだけで人間は死んでしまう。それほど、人間にとって空気は大事なものだから、その空気を汚染する香害は大問題。

■体調不良を起こした人は約９０００人中8割もいる

香りつき製品のニオイで、当たり前の生活ができなくなった人が増えている。「香害をなくす連絡会」[*2]が行った「香りの被害についてのアンケート」調査[*3]によると、「香りつき製品のニオイで体調不良を起こしたことがある」人は約8割。「ニオイの被害で仕事を欠勤・退職した、学校を欠席・休学した」人は約2割もいる。

体調不良の原因で一番多いものは何？

「柔軟剤」で86％もある。2番目は「香りつき合成洗剤」、3番目が「香水」、4番目が「除菌・消臭剤」、5番目が「制汗剤」（図2―1）。なんだか、なくてもいいものばっかり。コマーシャルの勝利だね。大手洗剤メーカーの中には売上高の約7％を宣伝に使っているところもあるみたいだから。

香害にあうと、体がどうなるの？

いちばん多いのが「頭痛」と「吐き気」。それから「思考力低下」「咳」「疲労感」「めまい」（図2―2）。被害を受けるのは公共の場所が多く、多い順に言うと、「乗り物の中」「店」「公共施設」「隣家からの洗濯物のニオイ」「職場」「病院」「学校」（図2―3）。被害者は女性のうち85％、男性のうち56％。30代、40代の8割以上に被害が及んでいる。

■香料は石油からつくられた化学物質だ

どうして香りで体の調子が悪くなるんだろう。ニオイの正体って何なの？

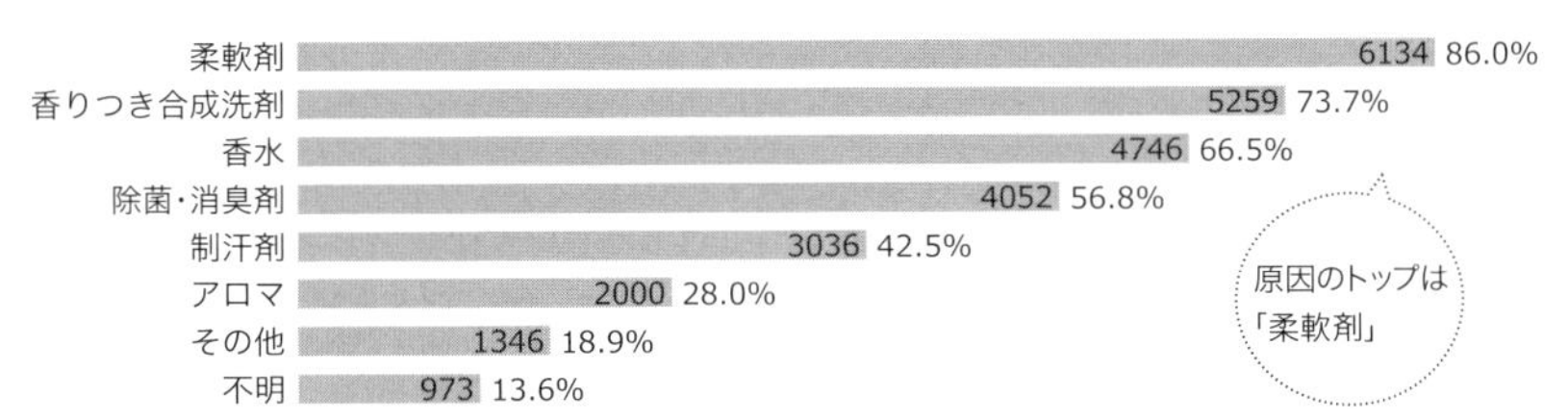

（香害被害「ある」と回答した7136件対象／複数回答）

出典：ダイオキシン・環境ホルモン対策国民会議『STOP！　香害――香りに苦しんでいる人がいます』2021年2月10日

図 2–1　体調不良の原因となった製品

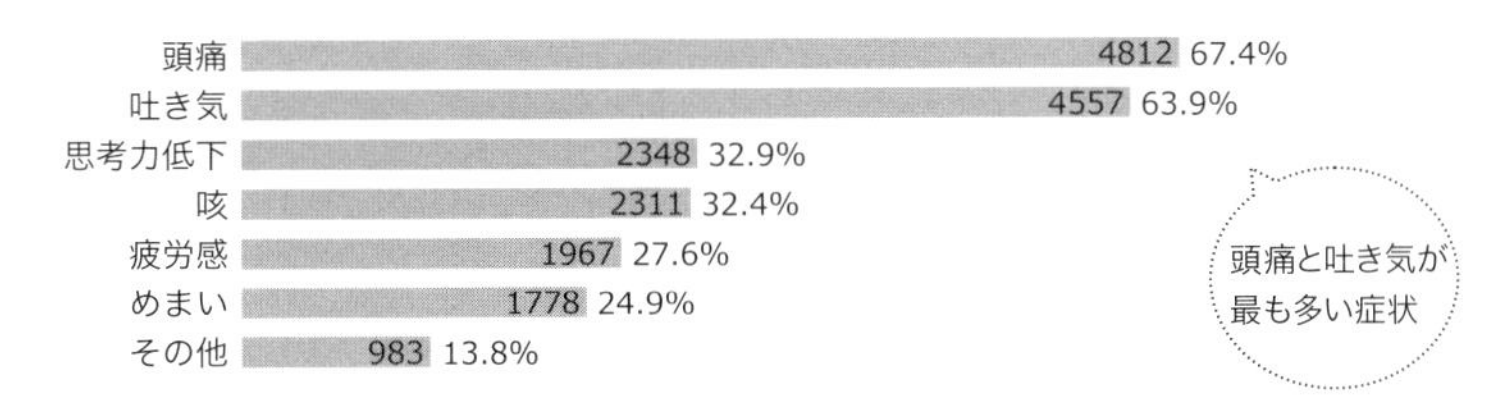

（香害被害「ある」と回答した7136件対象／複数回答）

出典：ダイオキシン・環境ホルモン対策国民会議『STOP！　香害――香りに苦しんでいる人がいます』2021年2月10日

図 2–2　香害によってでた症状

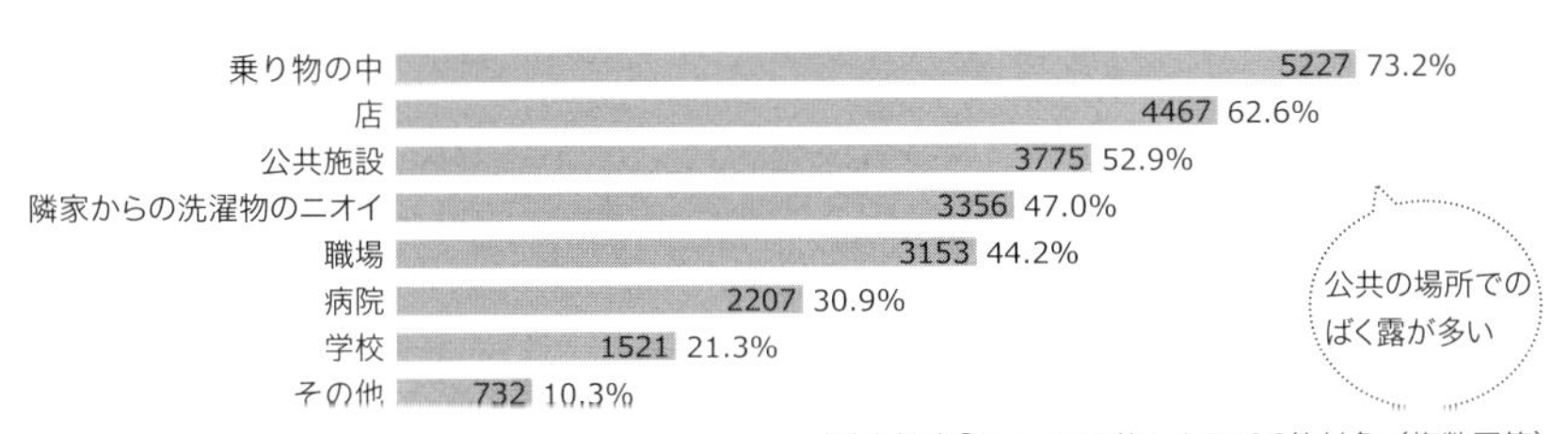

（香害被害「ある」と回答した7136件対象／複数回答）

出典：ダイオキシン・環境ホルモン対策国民会議『STOP！　香害――香りに苦しんでいる人がいます』2021年2月10日

図 2–3　香害の被害を受けた場所

売られている香料の90％以上が石油からつくられた化学物質で、合成香料なんだ。合成香料は３０００種類以上あると言われていて、「天然香料」と書いてある商品でも、香りの成分を取り出すときに毒のある有機溶剤を使うものもあるから安心はできない。人工の化学物質の数は、２０２２年２月時点で１億９３００万[*4]もある。

天文学的な数字だね。その中で合成された香料にはどんな化学物質が使われているの？

１つの香りをつくるために１００種類もの化学物質を混ぜ合わせても、製品には「香料」とだけ書けばいいから、どんな化学物質が入っているかわからない。それに、香りつき商品には香料の他にもいろんなものが加えられているけど、それも書かれていない。何が入っているかを書いて示す義務がないから。

何が入っているかわからないものは、怖くて使えないよ。

日本には「家庭用品品質表示法」があって、合成洗剤、洗濯用・台所石けん、ワックスや塗料などには何が入っているかを表示しなければならないけど、柔軟剤、芳香剤、消臭剤、抗菌・除菌剤などは表示する必要がない。だから、香料の成分は「企業秘密」。でも、さすがに「香害」がいろんなところで取り上げられるようになって、２０２０年３月に日本石鹸洗剤工業会が、「製品に必要があって入れられた０・０１％以上の香料の成分については知らせる」と決めた。

０・０１％以下のものは知らせないの？　柔軟剤や芳香剤には香料の他にもいろんなものが加えられているんでしょ。

安全なら、どんな化学物質が入っているか全て知らせることができると思うけど、そうじゃない。

GHSの分類		分類された数
	急性毒性（区分１～３）	44
	危険（危険性大）	190
	皮膚や目などに刺激性	
	警告（危険性小）	1175
	皮膚や目などに刺激性	
	人体に有害	97
	呼吸器感作性、発がん性、生殖毒性など	

IFRAが公表した香料とその調合などに使う化学物質約3000種類のうち1506種の化学物質は、GHSで毒性や危険性ある化学品に分類されています。
出典：『STOP!　香害――香りに苦しんでいる人がいます』

図2–4　香りつき製品に使われる化学物質の約半分に危険・有害性

■香料成分の約半分は危険・有害だ

香りつき製品の成分を消費者に知らせないというのはアメリカも同じみたいで、「地球のための女性の声」（ＷＶＥ）という市民団体が、「国際香粧品香料協会」（ＩＦＲＡ）に、香料や添加物などにどんな化学物質が使われているのかを知らせるように求めた結果、ＩＦＲＡは約３０００種類の化学物質のリストを公に発表した。ＷＶＥはそれらの化学物質を調査して、その結果を２０１５年に報告書としてまとめている。

３０００種類の化学物質は、みんな安全なものだったの？

残念ながら、約半分の１５０６種に危険や有害性があることがわかった。その中に国連の「化学品の分類および表示に関する世界調和システム」（ＧＨＳ）で、「急性毒性」の項目に含まれるものが44種もあった。他に、「危険（危険性大）・皮膚や目などに刺激性」が１９０種、「警告（危険性小）・皮膚や目などに刺激性」が１１７５種、「人体に有害・呼吸器感作症、発がん性、生殖毒性など」が97種あった（図２―４）。

ニオイで体調がわるくなるのは、有害な化学物質のせいなんだ。

■柔軟剤は「生殖（子どもをつくる）能力」をおとす

香害の被害を受けた人が体調がわるくなった原因として挙げているのは、柔軟剤がトップなんだよね。いったい、柔軟剤の中にはどんなものが入っているの？

主なものは、「陽イオン界面活性剤[*5]の第四級アンモニウム塩（別名QUATs）」「香料や消臭の成分とそれを包むマイクロカプセル」「防腐剤、安定剤、着色料などの添加物」の3種類。「陽イオン界面活性剤」は、衣類をふんわりさせたり、殺菌するために使われているもの。中でも「第四級アンモニウム塩」は細胞の膜を不安定にして、細胞を壊すほどの強い殺菌力があるけど、アレルギーを引き起こしやすいと言われている。「第四級アンモニウム塩」の一つの種類をマウスに与える実験[*6]では、メスの排卵数や発情回数が減り、オスでは精子の数が減ってその運動能力が低くなった。

柔軟剤をニオイで吸いこんだりすると、女の人も男の人も「生殖（子どもをつくる）能力が衰える」ということだよね。

少子化を問題にするなら、柔軟剤の成分も問題にしないといけない。メーカーは柔軟剤にどんな化学物質が使われているか一部しか知らせていないから、一つの製品の中で何十、何百という化学物質が混ぜあわさったとき、どんな影響や危険性が出てくるのかはわからない。

■柔軟剤から出る気体は中枢神経に悪い影響を及ぼす

香害の被害は、柔軟剤に入っている第四級アンモニウム塩や香料などから気体になって出る揮発性有機化合物（ＶＯＣｓ）[*7]の複雑な影響による可能性がある。

柔軟剤から気体になって出るＶＯＣｓって、どんなものがあるの？

α−テルピネオール、ベンジルアセテート、ベンジルアルコール、カンファー（樟脳）、クロロホルム、エチルアセテート、リモネン、リナロール、ペンタンなど。アメリカの環境保護庁（ＥＰＡ）が１９９５年に公表している。「α−テルピネオール」は、ライラックの香りをつくる主な化学物質で、「中枢神経系への影響」「筋肉を弱める」「うつや頭痛をひきおこす」「粘膜の炎症をおこす」などの毒性[*8]がある。「ベンジルアセテート」は、ジャスミンの香りをつくる主な化学物質で、「発がん性（すい臓がんに関連）」「空咳」「皮膚に触れると脱脂（油脂などを取り除く）」などの毒性。「エチルアセテート」は、フルーティーな香りをつくる主な化学物質で、「頭痛」「呼吸器や眼への刺激」「めまい」「脱力感」「意識喪失」などの毒性がある。

「香り」の裏にはたくさんの毒が隠れているってことだね。

柔軟剤から気体になって出る化学物質の中には、「ベンジルアルコール」「カンファー」「クロロホルム」など、中枢神経に悪い影響を与えるものがあることにも、注意が必要。中枢神経に悪い影響があると、全身の神経から伝えられた情報を正しく判断して指令を出すという働きがうまくいかなくなる可能性がある。

■香りつき製品から１３３種類の揮発性有機化合物が出た

香害問題に詳しいアン・スタインマン教授（オーストラリア・メルボルン大学）たちが、いろんな香りつき製品を調べて、どんな有害物質が含まれているか、２０１１年に発表している。調べたのは、洗濯用合成洗剤、柔軟剤、パーソナルケア製品、消臭スプレー、デオドラント、除菌剤などの香りつき商品、合計25種類。

どれくらいのＶＯＣｓが見つかったの？

合わせて133種類。その中の24物質はアメリカ政府が有毒物質規制法（TSCA）で「有毒性がある」「危険性がある」と認めるものだった。そして、1つの香りつき製品から、平均して17種類ものVOCsが見つかった。もっとも多くの製品から見つかったのは「リモネン」。2番目が「α-ピネン」、3番目が「β-ピネン」。これらは「テルペン類」と呼ばれて、空気に触れると化学変化を起こして、発がん性のある有害な物質「ホルムアルデヒド」に変化する危険性があるから、注意が必要だとスタインマン教授は言っている。

香りつき製品から、すごくたくさんの有害な化学物質が空気中に出されていることが証明されたんだね。だれでも化学物質症になる可能性があるってことだね。

■「ナノサイズ」は直接血液の中に入っていく

服についた香りが石けんで洗っても洗ってもとれないのは、香りを長持ちさせる何か秘密兵器が柔軟剤の中に入っているからなの？

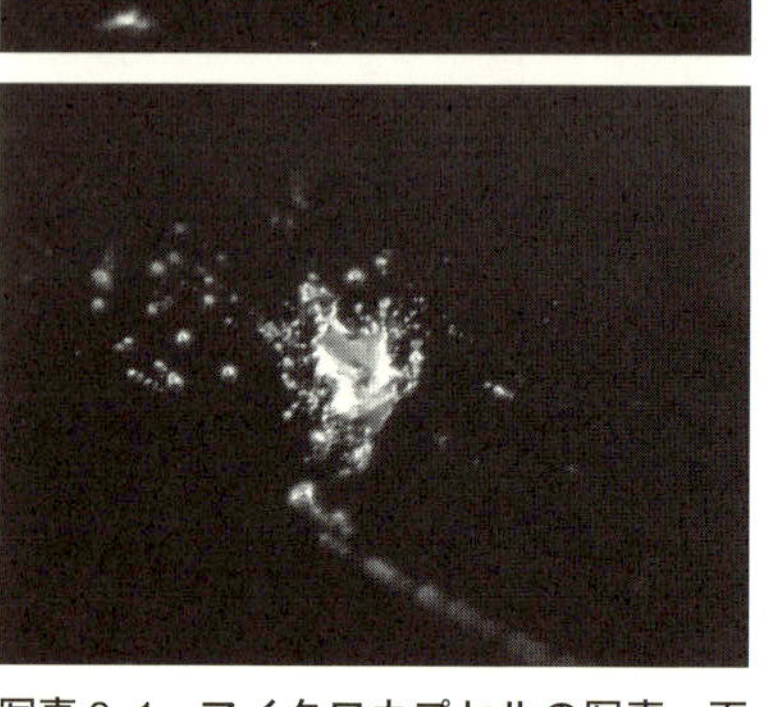

写真2–1　マイクロカプセルの写真。下は、はじけたところ（写真提供：カナリオ）

マイクロカプセルが秘密兵器と言えるかも。香りをつくる化学物質は、マイクロカプセルという超超小型のカプセルに閉じ込められていて、そのカプセルが擦れたり、押されたりしたときにカプセルが破れて、中の香りをつくっている化学物質が出てくる（写真2―1）。一度ですべてのカプセルが破れずに、長い時間をかけて少しずつ破れるから香りが長持ちする。

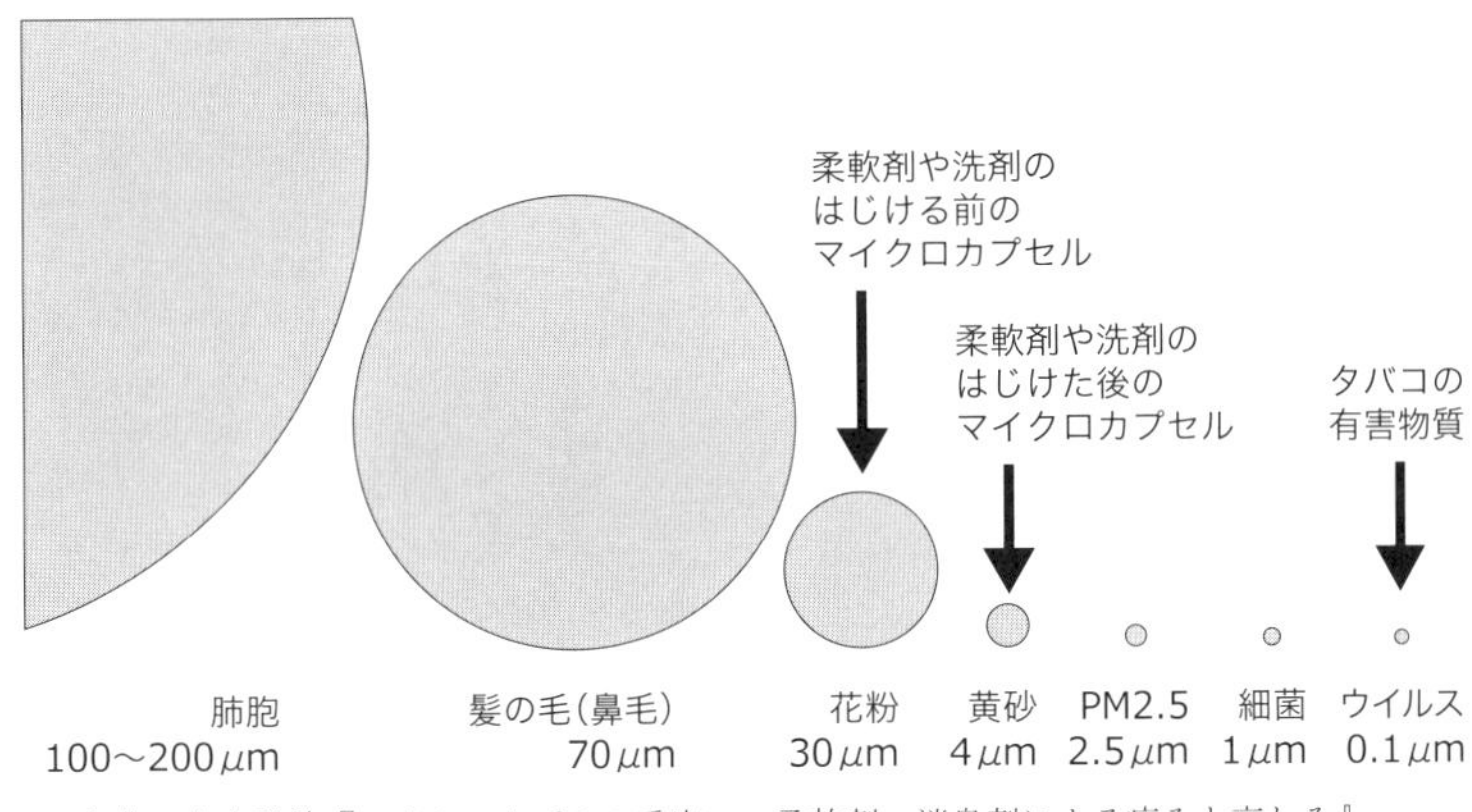

出典：古庄弘枝『マイクロカプセル香害――柔軟剤・消臭剤による痛みと哀しみ』
ジャパンマシニスト社、2019年

図2–5　マイクロカプセルの大きさ

マイクロカプセルって目で見える大きさなの？

とても見えない。マイクロカプセルの直径はナノサイズ[*9]から数十マイクロメーター（μm[*10]）とさまざま。花粉の大きさが約30μm（0・03mm）だよ（図2―5）。

そんなに小さかったら、空気といっしょに飲み込んでしまいそう。

内科・呼吸器科が専門の医師・内田義之さん[*11]は、マイクロカプセルの「ナノサイズ」という大きさが問題と言っている。肺の中の免疫細胞は、0・5μm（500nm）より小さいサイズの異物の侵入を無視するから、0・5μm以下のマイクロカプセルは、肺の毛細血管の中に入って、全身に運ばれる。

毛細血管の中に入り込んだマイクロカプセルが、もし血管の中で破れたら、カプセルの中に入っている有毒な化学物質が全身をめぐることになるね。

■マイクロカプセルの膜成分も危険だ

マイクロカプセルの大きさも問題だけど、膜の成分も問題。マイクロカプセルの膜は、多くが「メラミン樹脂」や「ポリウレタン樹脂（ウレタン樹脂）」でできている。

それのどこが問題なの？

「メラミン樹脂」はメラミンとホルムアルデヒドからつくられる合成樹脂（プラスチック）で、「メラミン－ホルムアルデヒド樹脂」とも呼ばれている。メラミン樹脂は食器や家具の表面などにも使われているけど、高い熱を加えたり、強い酸をかけられたりすると、有害な発がん物質のホルムアルデヒドを出す。ホルムアルデヒドは吸い込むととても危険。

「ポリウレタン樹脂」はポリオール成分とイソシアネートからできている有機化合物で、塗装、接着剤、スポンジ、繊維、靴などに幅広く使われている。だけど、成分のイソシアネートは、ほんの少し吸い込むだけでもアレルギー性の喘息や、中枢神経や心臓の血管に関係した症状を引き起こす毒性の化合物。製品がつくられるとき、成分がくっつきそこねて製品の中にイソシアネートが残っていることが多くて、それが広がることも問題になっている。欧米ではイソシアネートは使用が規制されている。

血管の中に入ったマイクロカプセルが破れたら、香りをつくっている有害な化学物質だけじゃなくて、カプセルの膜をつくっているホルムアルデヒドやイソシアネートも溶け出す可能性があるということだよね。

■マイクロカプセルの80％は下水に流れる

マイクロカプセルって、破れた後はどうなるの？

直径５㎜以下のプラスチック破片のことを「マイクロプラスチック」と言うけれど、マイクロカプセルが破れた後のカラ（残滓）は超超小型のマイクロプラスチックになって、空中を漂うことになる。だから、柔軟剤などを使う人が多ければ多いほど、多くのカラが空間を飛び交い、カラは他の人へもくっついていく。

柔軟剤を使って洗濯したとき、マイクロカプセルは全部服につくの？

80％は下水に流れると言われている。残り20％の一部は洗濯物を干したときに空中に飛び散る。柔軟剤の中には、キャップ1杯に数千万から1億個のマイクロカプセルが入っている製品もあるから、空中に飛び散る量も、下水に流れる量も半端じゃない。

マイクロカプセルが入っている製品は柔軟剤だけじゃないでしょ。

香りつき合成洗剤、パーソナルケア製品や化粧品、エアゾール式制汗剤、ボディローション、日焼け止めローション、シャンプーなど身近な製品にたくさん使われている。

そのマイクロカプセルがみんな下水に流れると、最後は川や海に流れつくよね。そうすると、中身の化学物質や膜のイソシアネートなんかが、水や海水を汚すことになるんだね。

■合成ムスク[*12]は内分泌かく乱物質だ

下水処理場の下流で生きている魚の体の中に合成ムスクがたまっているという、アメリカの調査研究もある。合成ムスクは「香りの王様」と言われるほど、いろんな香りの製品に使われている。

いろんな製品に使われているんだったら、魚だけじゃなく、もう、人間の体にもたまっているんじゃないの？

恐ろしいことに、そうなんだ。その合成ムスクが、調査した人の90％以上から見つかったという研究もある。香りつき製品をたくさん使っている女性ほど、その赤ちゃんがたくさんの合成ムスクにさらされることもわかっているし、母乳の中にも当たり前のように合成ムスクが含まれていることを確かめた論文も多い。

合成ムスクは自然界にはないものなのに、生物は合成ムスクを自分の体がつくり出したホルモンだと思って反応するから厄介なんだ。そんな生体ホルモンをかき乱す化学物質のことを「内分泌かく乱物質」とか「環境ホルモン」[*13]と言う。

野生動物のワニなど爬虫類のオスがメス化したりするんでしょ。

下水処理場の下流で生きてる魚や貝なども、生殖器がオスはメス化、メスはオス化していた。人間も男児の停留精巣[*14]、尿道下裂[*15]、肛門性器間距離の短縮などが増えている。お母さんの子宮の中で合成ムスクにさらされたことで、男性ホルモンのバランスが乱された結果かもしれない。

■施設内で香りつき製品を使うことを禁止する

香りつきの製品を禁止しているところはあるの？

アメリカのアトランタにある米国疾病管理予防センター（ＣＤＣ）は２００９年、1万５０００人の職員に対して、「施設の中で香りつき製品を使うことを禁止」した。そして、「香りつきの洗剤や柔軟剤などで洗濯した衣類を着て職場に来ることもひかえるように」と求めたんだ。

早くから香りつき製品が体によくないことがわかっていたんだね。

香りつき製品は、喘息やアレルギー、慢性的な頭痛などの原因になると考えられていたから、ＣＤＣは２０１５年に、「職場の空気環境をよく保つことは、職員の健康と環境を維持するために重要であり、予防的措置である」としている。アメリカで「市」として最初に「職員の香料の使用を禁止」したのは、ミシガン州のデトロイト市で２０１０年。職員で化学物質症のＳさんが、職場の人が使う香水と消臭剤で呼吸ができなくなったことがきっかけだった。Ｓさんは「障害をもつアメリカ人法」（ＡＤＡ）[*16]に基づいて「市」を訴えた。

カナダはもっと早く、ノヴァスコシア州のハリファックス市で、１９９１年から一つの病院で「香料を使わない」取り組みが始まり、いまでは州内のほとんどの公共の場は、「香料のない環境」になっている。そして、現在、アメリカとカナダでは、行政機関・州政府機関・学校・大学・研究施設・病院・図書館・市役所・町役場などで「香料のない環境」をつくろうという運動が広がっている。

■「カナリア・ネットワーク全国」「香害をなくす議員の会」ができた

日本では香害をなくそうとしているの？

２０１９年から後、地方のいろんな議会で香害の問題がとりあげられている。「香害をなくす連絡会」によると、２０２０年６月現在、「香料を使わないように」というポスター（図2―6）をつくっているのは51の自治体で、ホームページで「香料を使わないように」と呼びかけているのは94の自治体。２０２１年には「カナリア・ネットワーク全国」（ＣＡＮ「微量合成化学物質による被害者と支援者のネットワーク」）がつくられて、２０２４年４月１日現在、会員数は８０８人。全国各地にバラバラに暮らしている人たちの小さな声を集めて、「多数の声」として社会に知らせている。

２０２２年８月には、「香害をなくす議員の会」もできた（２０２４年１月23日時点で１２１人が参加）。この会は「香害」を「生活用品による有害化学物質汚染（公害）」とと

出典：埼玉県ホームページ「知っていますか？香りのエチケット」

図 2–6　自治体による「香りのエチケット」を啓発するポスター

らえて、「真剣に解決すべき社会問題である」としている。

■シンプルな石けん生活をする

香害の中、私たちは大人になるまで元気でいられるのかなあ。どういう生活をしたらいいんだろう？まずは自分でできることをするしかない。シンプルな石けん生活をするのがいちばん。いま、家の中は洗剤だらけだよね。洗顔用、歯磨き用、体用、髪用、洗濯用、風呂洗い用、食器洗い用、台所用、トイレ用と、数えたらきりがないほど。だけど本当に必要なのはごくわずか。

ルイが使っているのは、歯磨き用のチューブ入り石けんと、顔・手・体用の固形石けんと、洗濯用の粉石けんだけ。台所など汚れがひどいときは重曹を使えばいい。洗剤などは口の中に入れても安全なものを使うことが大事だよ。

私もこれからは石けんだけにする。廃油で作ったこともあるしね。

石けんがわりになる植物もある。お正月に羽根つきをしたことがあるでしょ。その羽根の先についている黒い球は無患子（むくろじ）という木の実で、この実が入っている黄色い皮は揉（も）むと泡が出て、石けんの代わりになる。たくさんの洗濯には無理だけど、ちょっとした遊びには面白い。

近くのお寺で友達と拾ったことがある。まん丸で中の実がカラカラ鳴るから面白かった。今度、皮だけにして揉んでみるよ。

いまのように入浴剤がなかった昔、ご先祖さんたちは、春にはよもぎ湯や菖蒲湯、冬にはみかん湯や柚子湯と、季節ごとに植物の恵みをお湯の中に入れて香りを楽しんできたんだよ。

2　プラスチックは人の体も汚染する

■魚よりプラスチックの方が多くなる

「プラスチックスープの海」[*17]という言葉を聞いたことがある？

プラスチックのごみがいっぱい浮かんでいる海のことでしょ。ペットボトルの蓋をいっぱい食べて死んだアホウドリのひなとか、プラスチックの袋を80枚も食べて死んだクジラの写真とか見たことがある。カメがレジ袋をクラゲと間違えて食べている海中の写真も見たよ。

エレン・マッカーサー財団[*18]は、「世界の海に漂うプラスチックのごみの量は、各国がこのまま何もしなければ２０５０年までに海にいる魚の重さを上回る」と言っている。２０５０年までに世界中でつくられるプラスチックの全ての量は約３３０億ｔで、そのうち３％が海に流れ込むと言われていて、その量は約10億ｔ。海にいる魚類すべての重さが約８億ｔと推定されているから、魚よりプラスチックの方が約２億ｔ多くなるというわけ。

プラスチックって、これまでにどれくらい作られているんだろう。

本格的にプラスチックが作られるようになったのは１９５０年ごろから。２０１７年にアメリカの研究者チームが発表した調査報告によると、１９５０年から２０１５年までの66年間に世界で作られたプラスチックの総量は83億ｔ。そのうち、63億ｔがごみとして処分された。

76％がごみになったんだね。そのうちどれくらいがリサイクルされたの？

リサイクルされたのはわずか９％。汚れたものや中身が残っているものはリサイクル業者が引き取らない。

焼却が12%で、残りの79%は埋め立てられたか、ごみ捨て場に捨てられたか、自然の中に漏れ出たとされている。作られたプラスチックの約半分が、レジ袋やペットボトル、食品トレイ、コンビニの弁当箱などの容器や包装で、「1回きりの使い捨てプラスチック」として使われている。

■毎年、約800万tのプラスチックが海に流れ込む

どれくらいのプラスチックが海に流れ込んでいるの?

これまでに約1億5000万tのプラスチックが世界中の海に流れ込んでいると推測されていて、さらに毎年、新たに世界中から約800万tが流れ込んでいると推定されている。

太陽の光を浴びているうちに紫外線に当たって劣化したり、波に砕かれたりして、だんだん小さくなって5mm以下サイズのマイクロプラスチックになっていく。プラスチックは丈夫で腐らないから、どんなに小さくなっても「消えないごみ」として海に溜まり続ける。プラスチックが完全になくなるには数百年から千年以上はかかると考えられている。

香りつき製品から出たマイクロカプセルも海に流れこんでマイクロプラスチックになるよね。

ポリエステルやナイロンなどの化学繊維の服を洗濯すると、「洗濯くず」としてマイクロプラスチック(マイクロファイバー)が出ることもわかっている。1着のフリースを1回洗うと約2000本のマイクロファイバーが出るという報告もある。

他にどんなものがマイクロプラスチックとして海に浮いているの?

プラスチック製品の原料になる樹脂(レジン)ペレットや、洗浄力をあげるために洗顔料や化粧品、歯磨き粉の中に入っているマイクロビーズ、ポリウレタン製のスポンジやアクリルたわしの削れたもの、それらがマ

イクロプラスチックになる。これらのマイクロプラスチックは世界の海に約5兆個、重さにすると27万tが漂っていると推定されている。

■原料・添加物の中に「内分泌かく乱物質」がある

プラスチックは軽くて、丈夫で、長持ちし、加工がしやすく、腐らない。そして、値段も安い。だから、「夢の素材」として一気に世界中に広まった。

どうして、プラスチックは腐らないんだろう？

プラスチックを分解する微生物が自然界にいないためだと言われている。

魚や鳥たちがプラスチックを飲み込んだりすると、胃につまったりして危険だけど、プラスチックそのものは危険なものではないの？

プラスチックそのものは生体にとって無害と言われているけど、危険なものもある。たとえば、食品の容器や哺乳びんに使われている「ポリカーボネート」は、女性ホルモンのような働きをする「内分泌かく乱物質」（環境ホルモン）。内分泌かく乱物質は、プラスチックそのものの他に、プフスチックに加えられる添加剤にも含まれている。

プラスチックにも添加剤が使われているの？

さまざまな目的のためにいろんな添加剤がプラスチックにも加えられている。たとえば、色づけするための「着色剤」、品質がおちるのを防ぐための「安定剤」、柔らかくするための「可塑剤」、酸化を防ぐための「酸化防止剤」、紫外線によって品質がおちるのを抑えるための「紫外線吸収剤」などなど。添加剤を使っていないプラスチックはないというほど。この添加剤の中に「内分泌かく乱作用」をもつものがあって、溶け出すものもあれば、どんなに小さな破片になったプラスチックにも残り続けるものもある。

「内分泌かく乱作用」をもつ添加剤にはどんなものがあるの？

身近なものでは、消しゴムの中に入っている「フタル酸エステル」。これはポリ塩化ビニル（ＰＶＣ）を柔らかくするための可塑剤として使われている。このフタル酸エステルは、生まれてくる子どもへの有害な影響や、発がん性などが疑われている。「ビスフェノールＡ」や「フタル酸エステル」などの内分泌かく乱物質に、胎児や生まれてすぐの新生児がさらされると、その後の人生全体にわたってさまざまな病気（注意欠如・多動症［ＡＤＨＤ］や知能指数［ＩＱ］などの神経発達への影響、不妊や肥満など）になる可能性が高くなることもわかっている。

最近、増えている病気ばかりだね。

■プラスチックごみは有害化学物質を生物の体へ運ぶ

海に浮かんでいるプラスチックが、周りにある有害化学物質をくっつけて、それを生物の体へ運ぶ「運び屋の役目」をはたしているって、知ってる？

知らない。海の中のどんな有害化学物質をくっつけているの？

「残留性有機汚染物質」（ＰＯＰｓ）と呼ばれるもの。代表的なものは、工業用の油としてさまざまなところで使われた「ポリ塩化ビフェニル」（ＰＣＢ）。カネミ油症事件[*19]を引き起こした化学物質で、奇形やがんをさそい出して、免疫力をおとさせるなどの毒性がある。ＰＣＢは現在では使用禁止になっているけど、分解されにくいから過去に使われたものがいまだに残っていて、環境を汚している。「レガシー（遺産）汚染物質」って言われる。

ＰＣＢなどの汚染物質には「油になじみやすい」性質があるから、魚や貝、鳥などの体の中に取り込まれる

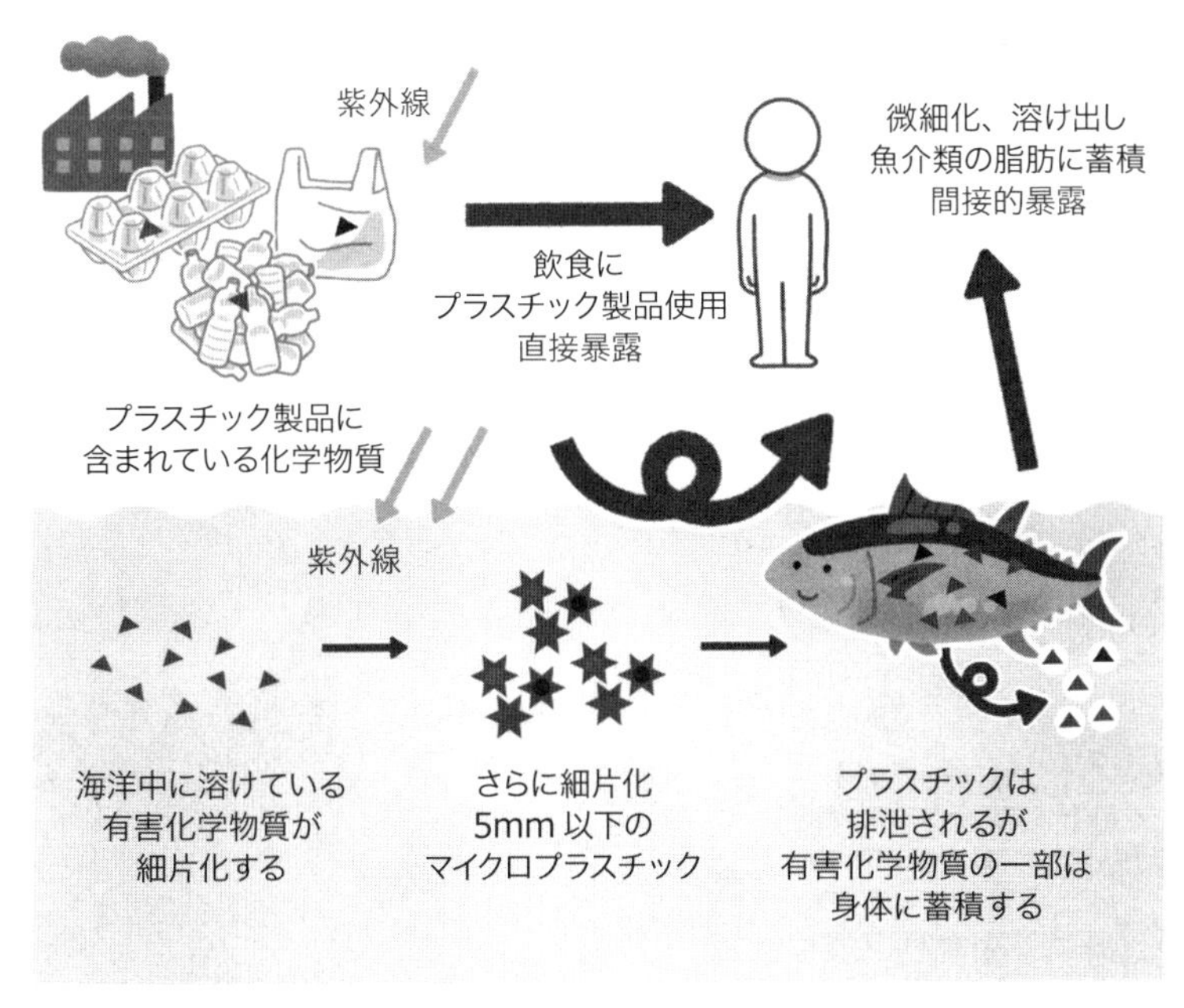

出典：『シャボン玉 友の会だより』No. 189、2021 年 1 月 1 日

図 2–7　人間のつくりだしたプラスチックはまた人間に戻ってくる

と脂肪にたまって、体の中の濃度が高くなる「生物濃縮」という現象が起こる。プラスチックは石油から合成されているから、「固体状の油」とも言える。一方、ＰＯＰｓは「油に溶けやすい」という性質をもっていて、ＰＯＰｓは固形の油であるプラスチックにどんどん吸い寄せられて濃縮されていく。プラスチック１ｇは海水１ｔ分の汚染物質を濃縮するとさえ言われているほどで、周りの海水に比べて約１００万倍の汚染物質を濃縮している。

そんなに濃縮された汚染物質をくっつけたマイクロプラスチックを魚たちが食べたらどうなる？　その魚を人間が食べたら？

マイクロプラスチックを食べた魚を人間が食べたら、人間の体の中でまた汚染物質が濃縮されるから、人間がいちばん汚染物質の影響を受ける。結局、人間がつくり出したプラスチックと有害な化学物質がまわりまわって、また人間に戻ってくるということだね（図2―7）。

■マイクロプラスチックが人間の体をめぐっている

プラスチックの汚染は海だけじゃない。空気も大地も汚染している。そして、私たちの体も汚染している。すでに、マイクロプラスチックが人の食物連鎖[*20]の中に入っていて、食べものや環境の中から、毎日、体の中に入っているという報道[*21]もある。ロシア人、日本人、イタリア人など合計8人全員の便からマイクロプラスチックが出てきたという調査[*22]もある。

どんな種類のマイクロプラスチックだったの？

9種類のマイクロプラスチックが見つかったけど、もっとも多かったのがペットボトルやフリースの材料の「ポリエチレンテレフタレート」（PET）とペットボトルのキャップや衣類にも使われている「ポリプロピレン」（PP）。調査した医師は、「世界中の50％以上の人の便に、マイクロプラスチックが入っている」と推測している。そして、体の中に入ったマイクロプラスチックが消化器官を傷つけたり、有毒物質をくっつけたりして、人の体に悪い影響を及ぼす可能性があると言ってる。

最近の研究では、心臓手術を受けた人の心臓からマイクロプラスチックが検出されたり[*23]、人間の血液からもマイクロプラスチックが検出されている[*24]。さらに、肺などの内臓や母乳、精液などからもマイクロプラスチックが見つかっている。もう、体の中で汚染されていないところはないのかもしれない。

この前、友だちから旅行のお土産にかわいいパッケージの紅茶をもらったけど、紅茶がプラスチック製の袋に入っていた。その袋に熱湯をかけて、飲んで大丈夫かな？

大丈夫じゃないよ。袋の素材はほとんどがＰＥＴ製やＰＰ製だから袋から紅茶を出して使った方がいい。カナダのマギル大学の研究チームが、「プラスチック製の袋に熱湯をかけたら、どれくらいのマイクロプラスチックが出るか」を実験している。なんと、1袋のティーバッグから116億個のマイクロプラスチック粒子と、31億個のナノサイズのナノプラスチック粒子が確認された。

世界中の人の便や血液からマイクロプラスチックが出てもおかしくないね。早く何とかしないと、体がマイクロプラスチックだらけになるよ。

欧州連合（EU）では欧州委員会が2023年9月に、5㎜以下のマイクロプラスチックの販売やマイクロプラスチックが意図的に添加された製品の販売を禁止する規則を採択した。2028年10月から、マイクロプラスチックを使った洗剤や柔軟剤などは販売禁止となる。

■ 1人が1年間に32kgのプラごみを捨てている

レジ袋が有料[*25]になってから、お店で「袋はどうしますか？」ってよく聞かれる。でも、地球上からプラスチックごみをなくすには、そんな程度では間にあわないよね。

遅くても国レベルで始まったのはいいこと。自治体では2008年4月、富山県が「例外なしの無料配布廃止」を始めているし、2020年3月には京都府亀岡市が全国で初めて、「プラスチック製レジ袋の提供禁止に関する条例」を決めている。日本は1人のプラスチック容器包装を捨てる量が、アメリカに次いで世界第2位。2014年の段階で、日本人は1人当たり1年間に約32kg[*26]のプラスチックを捨てている。

ごみを出すとき、燃えるごみ、燃えないごみ、ペットボトルとか、細かく分別して出しているよ。

ごみもリサイクルされて有効活用されているんじゃないの？

日本の場合、リサイクルされているのは20％で、74％は焼いている。

焼いたら二酸化炭素が出て、地球温暖化を進めることになるよね。

「ごみを出さない」ということでもっとも進んでいるのは、おばあさんたちの「はっぱビジネス」で有名な徳島県上勝町（かみかつちょう）じゃないかな。上勝町は2003年に日本で初めて「未来の子どもたちにきれいな空気やおいしい水、豊かな大地を継承するため、2020年までに上勝町のごみをゼロにすることを決意し、上勝町ごみゼロ（ゼロ・ウェイスト）を宣言します」として、「ゼロ・ウェイスト宣言」[*27]をした。そして、再利用、再資源化できない製品をつくる生産者に対しては、罰金を払うことなども求めている。

■「プラスチックなしの生活」を楽しむ

日本はこれまで捨てられたプラスチックを「資源」として他の国に輸出していた。2017年の時点では7割以上を中国に輸出していた。ところが、この年の年末に中国は環境汚染と健康被害を理由に輸入を禁止したので、いまは、マレーシアや台湾、ベトナムなどに輸出している。

ごみを輸出するなんて、相手の国に対して失礼だよね。もう、プラスチックはつくらないで、国内で循環するしくみに変えていくしかないよね。

ごみ問題の専門家・高田秀重さん（東京農工大学農学部環境資源科学科教授）によると、ヨーロッパは、「プラスチックを使わない生産・流通のしくみ」をつくる方向に舵をきったという。

日本でも「量り売り」をするお店があるね。この前、干した果物を量り売りしているお店でいろいろ買った。プラスチックができる前は、日本でも容器をもってお豆腐とかを買いに行ったりしてたんでしょ。

昭和の初めにはお酒もお醤油も油もガラスのビンを持って買いに行っていた。イギリスでは2007年に量り売り専門の「アンパッケージド」という食料品店が開店している。「プラスチックを使わない生活」を楽しみたいね。プラスチック製品を使わない、選ばない。そんな生活をめざすと、いろんな工夫が必要になってきて面白い。この家にある竹カゴはみんなアユのひいじいちゃんが編んだもの。裏の竹山から竹を切ってきて、細く割いて、カゴに編んだ。もう40年以上使っているけどまだまだ丈夫。そして最後はちゃんと土にもどるからごみにならない。筍の皮は干しておけば、いつでもものを包むのに使える。おにぎりを竹の皮で包むとおにぎりが傷みにくいし、おいしい。

3　有機フッ素化合物（PFAS）が水を汚染する

■PFASは「永遠の化学物質」だ

東京多摩地域の井戸水を調べたら、発がん性のある「有機フッ素化合物」（PFAS＝ピーファス）が出てきたとニュースになった。2021年までに東京都が、水をとることをやめた井戸が40本もあったって。

PFASは長い期間、分解されないで環境の中にとどまり続けて、一部は1000年以上も土の中に残ると言われている。そして、体の中に入ると長い間とどまり続ける。そのために、「永遠の化学物質（フォーエバーケミカル）」と呼ばれている。PFASは約4700種あると言われていて、もっとも代表的なものが、PFOS（パーフルオロオクタンスルホン酸[*28]）とPFOA（パーフルオロオクタン酸[*29]）の2つ。PFASには「水をはじく撥水性」と「油をはじく撥油性」の両方があって、熱や薬品や紫外線に対して強いという特徴から、さまざまな製品に使われている。

身近なところではどんなものに使われているの？

出典：ダイオキシン・環境ホルモン対策国民会議『PFAS（有機フッ素化合物）汚染』2022年3月10日

図2–8　PFASが使われているさまざまな生活用品

「こびりつかないフライパン」「水をはじく傘やレインコート」「防水スプレー」「デンタルフロス」「ファンデーションなどの化粧品」「スマホ画面のコーティング」など。ファストフード用の「油をはじく包装紙や容器」にも使われている（図2—8）。

生活用品の他に、空港や軍事基地、石油コンビナート、大規模駐車場などの「泡消火剤」にも使われている。工業用では、半導体[*30]の製造、金属の加工、金属メッキ、工業的研磨剤や表面処理剤などにも多く使われている。

■PFASには「内分泌かく乱作用」など多様な毒性がある

PFASにはどんな「毒」があるとわかっているの？

最近の研究や調査からわかっているだけで、甲状腺ホルモンや女性・男性ホルモンをかき乱すはたらきがある「内分泌かく乱作用」。腎臓がん、前立腺がん、精巣がん、乳がんなどになる可能性がある「発がん性」。「妊娠しない」「標準の体重より軽く生まれる子どもが増える」などの「生殖毒性」。感染症にかかりやすくなる「免疫力の低下」。肝臓の病気になりやすいという「肝臓への毒性」。「血中のコレステロール値の上昇」。潰瘍性大腸炎などの「自己免疫疾患[*31]」など。

「内分泌かく乱物質」は、ほんのわずかの量でも体に影響するから、毒の影響を受けやすい胎児や乳幼児、小さな子どもへの影響がとくに心配されている。

この世に生まれる前から悪影響を受けるということだよね。

このPFASの汚染はすでに世界中に広まっていることが問題。北極のアザラシやホッキョクグマの体の中からも見つかっているし、アメリカ人も日本人もほぼ100％の人がPFASに汚染されていると言われている。PFASの汚染についてもっと知りたかったら、『ダーク・ウォーターズ——巨大企業が恐れた男』（2019年製作・アメリカ）という映画があるから、観るといい。

■アメリカは生涯健康勧告値を3000倍厳しい値にした

PFASにはたくさんの「毒」があるのに、規制はされていないの？

国際的に規制は進んできている。PFASの中でももっとも多く使われてきたPFOSは2009年に、PFOAは2019年に、条約[*32]で製造・使用、輸出入が禁止・制限されている。日本でもPFOSは2010年に、PFOAは2021年に製造・輸入が原則禁止となってる。2020年5月には、厚生労働省が水道水の「暫定（とりあえずの）目標値」をPFOSとPFOAの合計値で1ℓ（リットル）あたり50ng（ナノグラム）と決めている。

それって、安全な値なの？

デンマークでは、環境保護庁が２０２１年に「水道の水質の基準は4種類のＰＦＡＳの合計で１ℓあたり2ng」としているから、日本の50ngは安全ではない。

アメリカの場合、これまで飲料水の生涯健康勧告値[*33]は「ＰＦＯＳとＰＦＯＡの合計値が水道水１ℓあたり70ng以下」になっていた。ところが、２０２２年6月、環境保護庁（ＥＰＡ）は「ＰＦＯＳを０・０２ng以下」に、「ＰＦＯＡを０・００４ng以下」に引き下げると発表した。約３０００倍厳しい値。厳しくした理由としてあげているのが、「子どもの破傷風・ジフテリアワクチンの接種効果への影響」。

約５０００種類もあるＰＦＡＳの中のＰＦＯＳとＰＦＯＡだけを規制してもＰＦＡＳ汚染は止められないでしょ。

ＰＦＯＳとＰＦＯＡが禁止・制限されたらそれに代わるものが必ず出てくるし、すでに「ＰＦＨｘＳ（ピーエフヘクスエス）」や「ＰＦＨｘＡ（ピーエフヘクスエー）」など、代わりのものがたくさん出てきている。そして、それらの代わりのものもまた毒性が強くて、分解されにくいものであることがわかってきている。

■多摩地域の住民67％に「健康被害の恐れがある」

市民団体「多摩地域のＰＦＡＳ汚染を明らかにする会」と原田浩二さん（環境衛生学が専門の京都大学准教授）が、多摩地域の人たちの「血中のＰＦＡＳ濃度」を２０２２年11月から調べて２０２３年9月に、多摩30市町村に住む７９１人の「血中のＰＦＡＳ濃度」を分析した結果を報告している。それによると、東京都水道局が水をとることをやめた井戸のある7市[*34]の住民の67％が、アメリカで「健康被害の恐れがある」とする指標（めやすの値）[*35]を超えていた。

その調査って、東京都とか国がまっさきにしなくちゃいけないものだよね。汚染源はどこなの？

東京都福生市にある米軍横田基地がもっとも疑われている。「横田基地では２０１０年から２０１７年に有機フッ素化合物のＰＦＯＳを含む泡消火剤計３１６１ℓが漏出し、２０１２年には泡消火剤３０２８ℓが貯蔵タンクから土壌に漏出した」と報道[*36]されて、このことを米軍が認めたから。

■６市町村すべてに「要措置濃度」を上回る人がいる

沖縄でも、２０１６年から米軍の嘉手納基地や普天間基地の周りで、「浄水場のＰＦＡＳ汚染」「泡消火剤の大量流出」「ＰＦＡＳ汚染水の公共下水道への放出」などが問題になっている。

沖縄の人たちの健康調査はしたの？

市民団体「有機フッ素化合物（ＰＦＡＳ）汚染から市民の生命を守る連絡会」が２０２２年６月と７月に、全国で初めて大規模な血液検査を行った。嘉手納町など６市町村の住民３８７人を対象に「ＰＦＡＳによるヒトの体内汚染」を調べた。すると、約80％の人が、２０２１年に環境省が行った全国調査のＰＦＯＳの血中平均濃度よりも高いＰＦＯＳの血中濃度だった。

日本には、「要措置濃度[*37]」に関する決まりがないけど、ドイツではＰＦＯＳの血中濃度が「１㎖当たり20ng」を超えると、「行政はすぐにＰＦＯＳの血中濃度を低くするための対策をとらなければならない」と決められていて、それに照らし合わせると、３８７人のうち27人が「要措置濃度」を上回る血中濃度だった。さらに、「要措置濃度」の人は６市町村の全てにいた。これは、ＰＦＯＳによる汚染が６市町村全てに広がっているということ。

日本の政府は米軍基地に対して、水をＰＦＯＳで汚した責任をとらせないの？

日本とアメリカの間には「日米地位協定」[*38]というものがあって、日本は米軍基地内の調査を独立してできない。だけど、調査をした連絡会は、汚染源がどこかをつきとめるために、国や県や市町村が基地の中に立ち入って調査を行い、「汚染した者の責任において水をきれいにさせる」ことを求めている。

■PFASが何に使われているかを知って使わない

PFASの汚染は基地の周りや、PFASを扱う工場で働く人やその周辺に住む人だけの問題ではない。みんながこの汚染を知って、社会全体で禁止していくことが大事。

デンマークでは2019年9月に、食品容器の包装について「全てのPFASの使用を禁止」している。2020年10月には、欧州連合（EU）も「EU全体で約4700種のPFAS全体を1つのグループとしてだんだんとなくしていく」ことを正式に決めている。

ファストフード店も、ハンバーガーなどを買う人たちが「包装紙にPFASを使っていたら買わない」と言ったら、変わるよね。だけど、まずは包装紙にPFASが使われていることを知って、どんな「害」があるかも知らないとね。

日本は欧米に比べてPFASについてのニュースが少ないし、規制も遅れているから、自分で知って、PFASの汚染から身を守らないといけない。できることはいっぱいある。フッ素樹脂加工のフライパンやホットプレートは使わない、防水スプレーや防汚処理された家具・カーペットは避ける、ファストフードのハンバーガーやピザはできるだけ食べない、PFASを含む日焼け止めや化粧品は使わない、とかね。

成分を書いてあるところに「〜フルオロ〜」とある商品はPFASが入っているということだから、使わないようにしよう。室内のほこりにはPFASが含まれていることも多いから、ハイハイする赤ちゃんや小さな子どもがいる家はこまめに床の掃除をしたほうがいい。

水にPFASが入っているかもしれないときは?

PFASを取り除くことができる浄水器を使ったほうがいい。溜めた水道水の中に炭を入れておくだけでもいいよ。

注

＊1 **有機フッ素化合物(PFAS＝ピーファス)** 化学的に最強の結合である炭素－フッ素結合をもつ人工化合物の総称。PFASは、Per-and-Polyfluoroalkyl Substancesの略語で、「パー(またはポリ)フルオロアルキル化合物」の略称。

＊2 **香害をなくす連絡会** 日本消費者連盟、ダイオキシン・環境ホルモン対策国民会議など、香りつき製品による香害問題に取り組む団体が参加する連絡会。

＊3 **香りの被害についてのアンケート** 2019年12月から2020年3月末にかけてインターネットと郵送で行ったもの。寄せられた回答は9332件。記入した人は実施団体の会員とその知り合い、被害者のSNSなどでつながった人たち。

＊4 **1億9300万** アメリカ化学会の機関CAS(Chemical Abstracts Service)に登録されたものの数。

＊5 **陽イオン界面活性剤** 界面活性剤とは、界面活性(反発しあう力を弱めてなじませあう)を行う物質のこと。界面活性剤は、「陽イオン系」「陰イオン系」「非イオン系」「両性イオン系」の4つに分類される。「陽イオン界面活性剤」は、柔軟剤やヘアリンスなどに、「陰イオン界面活性剤」は合成洗剤やシャンプーなどに、「非イオン界面活性剤」は合成洗剤や乳化剤などに、「両性イオン界面活性剤」は台所洗剤やシャンプーなどに使われている。「石けん」以外はすべて合成界面活性剤。

＊6 **実験** アメリカ・ヴァージニア工科大学などの研究チームによるもの。2015年に発表。

＊7 **揮発性有機化合物(VOCs)** 常温で気体になる炭素を主な成分とする化合物。

＊8 **毒性** 体に有害な作用を及ぼす性質。

＊9 **ナノサイズ** ナノ(n)は10億分の1。

＊10 **マイクロメーター(㎛)** 1㎛は1㎜の1000分の1。

＊11 **内田義之さん**　東京都練馬区にある「さんくりにっく」院長。

＊12 **合成ムスク**　オスのジャコウ鹿の香嚢（こうのう）（ジャコウ腺）の匂いであるムスク香を、人工的に合成してつくった香料の総称。

＊13 **内分泌かく乱物質（環境ホルモン）**　生物の体の中に入ると、ホルモンの正常な情報伝達のはたらきをかき乱す人工の化学物質。現在、１０００種類以上の化学物質に「環境ホルモン」作用があることがわかっている。「ホルモン」とは体の中でつくられる化学物質で、それぞれの臓器や組織のあいだでの情報伝達に使われている。

＊14 **停留精巣**　精巣（睾丸）が陰嚢のなかに完全に下がっていない状態。

＊15 **尿道下裂**　尿を外に出す尿道の口が亀頭の先になく、陰茎の下側や会陰部などに開いていること。

＊16 **障害をもつアメリカ人法（ＡＤＡ）**　１９９０年にできたアメリカの公民権の一つ。特徴は「合理的配慮」という考え方で、「障害者がその障害のために仕事をするうえで抱えるさまざまな壁をなくすために対策を行うこと」を求めている。

＊17 **プラスチック**　語源はギリシャ語の形容詞plastikosで、「形をつくることができる」という意味。そこから英語のplasticになって、「自由に形をつくれる（可塑性がある）」（形容詞）、「可塑性をもつ製品」（名詞）になった。特定の人工素材をプラスチックと呼ぶようになったのは20世紀になってから。合成樹脂とも呼ばれる。

＊18 **エレン・マッカーサー財団**　２０１０年にエレン・マッカーサーが33歳のときに設立した財団。企業が経済活動のなかでごみを減らし、資源の循環量を増やしながら新たな経済を生み出すことをめざす循環型経済（サーキュラーエコノミー）を進めている。

＊19 **カネミ油症事件**　１９６８年10月におきた大規模な食中毒事件。カネミ倉庫株式会社製の米ぬか油（ライスオイル）の中にＰＣＢが混じったことで引き起こされた。皮膚の障害、肝臓の障害を引き起こし、死亡者も出た。

＊20 **食物連鎖**　「食うもの」と「食われるもの」の関係で結びついた生物のあいだのつながり。

＊21 **報道**　２０１８年から２０１９年にかけての英国の『ガーディアン』紙やロイター通信など。

＊22 **調査**　２０１８年10月に発表された、オーストリア環境省とウィーン医科大学が行った調査。

＊23 **心臓からマイクロプラスチックが検出**　「Environmental Science & Technology」２０２３年７月に掲載された研究。

＊24 **人間の血液からもマイクロプラスチックが検出**　２０２２年にオランダの研究チームによって発表された。匿名で集められた被験者の約４分の３の血液から５種類のマイクロプラスチックが見つかった。

＊25 **レジ袋が有料**　日本では２０２０年７月から。

＊26 **1人当たり年間に約32kg** 国連環境計画（ＵＮＥＰ）の２０１８年の報告による。

＊27 **ゼロ・ウェイスト宣言** ①地球を汚さない人づくりに努めます。②ごみの再利用・再資源化を進め、２０２０年までに焼却・埋め立て処分をなくす最善の努力をします。③地球環境をよくするため世界中に多くの仲間をつくります！

＊28 **ＰＦＯＳ（パーフルオロオクタンスルホン酸）** １９５０年代に３Ｍ（スリーエム）社によって、「スコッチガード」など防水防汚処理剤の原料として開発された化学物質。

＊29 **ＰＦＯＡ（パーフルオロオクタン酸）** デュポン社によって、フライパンのこげつき防止などのテフロン樹脂を開発する過程でつくられた化学物質。

＊30 **半導体** 電気を伝える性質が導体と絶縁体の中間ぐらいの物質の総称。ゲルマニウム・セレン・シリコンなど。

＊31 **自己免疫疾患** 免疫のシステムが自己と非自己をまちがえて、本来なら外の敵を攻撃するはずの免疫システムが、まちがって自分の細胞や組織を攻撃することで起きる病気。

＊32 **条約** 「残留性有機汚染物質に関するストックホルム条約（ＰＯＰｓ条約）」。

＊33 **生涯健康勧告値** 一生を健康で過ごすために勧める値のこと。

＊34 **7市** 立川市・国分寺市・国立市・小平市・調布市・府中市・西東京市。

＊35 **アメリカの「健康被害の恐れがある」とする指標** 7種類のＰＦＡＳ合計値で、「血液１mℓ（ミリリットル）当たり20ng（ナノグラム）」を超えると健康被害の恐れがあるとしている。日本には血中濃度の指標はない。

＊36 **報道** 英国人ジャーナリストのジョン・ミッチェルさんによる２０１８年12月10日付の『沖縄タイムス』の記事。

＊37 **要措置濃度** その濃度を超えると何らかの対策をとらなければならないという濃度。

＊38 **日米地位協定** 日本にいる米軍が日本国内でスムーズに活動できるようにするために特別な権利を定めた協定。正式名は「日本国とアメリカ合衆国との間の相互協力及び安全保障条約第６条に基づく施設及び区域並びに日本国における合衆国軍隊の地位に関する協定」。１９６０年６月23日に発効。

第3章　食べものは安全なの?

「いのちを脅かす食べもの」から身を守るための10カ条

❶ゲノム編集されたもの、遺伝子組み換えされたものに何があるかを知る。
❷ゲノム編集食品を食べないために「ＯＫシードマーク」がついたものを買う。
❸遺伝子組み換え食品を扱わない生協やお店で買う。
❹遺伝子組み換えでない食べものを置いてくれるようにお店に言う。
❺農薬や化学肥料を使った食べものはできるだけ食べない。
❻日本の伝統的な食事（ご飯、みそ汁、つけもの）をする。
❼有機の野菜を食べて体から毒を出す。
❽食べた種を捨てないで、土に植えて育ててみる。
❾野菜や果物をつくっている農家に手伝いにいく。
❿ベランダや家庭菜園で、お米や野菜を少しでも自分でつくる。

1　ゲノム編集は遺伝子をこわす

■豚が筋肉モリモリにされた

テレビで筋肉モリモリの豚を見たけど、あれって自然な豚じゃないよね。どんなふうにしたら筋肉モリモリの豚ができるの？

それはきっと「ゲノム編集された豚」だね。ゲノム編集っていうのはゲノム[*1]の中の特定の遺伝子をこわす技術のこと。筋肉モリモリの豚は、筋肉の成長をおさえる遺伝子をこわしたことで、筋肉がいっぱいついた太った豚になったんだ。

お店ではもうゲノム編集された食品が売られているの？

「肉厚のマダイ」「成長速度の速いトラフグ」「高ＧＡＢＡトマト」かな。

「肉厚のマダイ」は豚と同じで、筋肉の成長をおさえる遺伝子をこわすことで筋肉の量を増やした。「成長速度の速いトラフグ」は、食欲をおさえる遺伝子をこわすことで成長の速度を１・９倍にした。「高ＧＡＢＡトマト」は、血圧が上がるのをおさえる働きがある物質ＧＡＢＡの量を制限する遺伝子をこわして、ＧＡＢＡの量を増やした。このトマト、「高血圧の予防につながる」と宣伝している。

お金もうけのために、人間が勝手に他の生物の遺伝子をこわしたりするのは、神への冒涜（ぼうとく）だよね。

だけど、ＤＮＡを切断したり、遺伝子をこわしたりするのは、簡単にできることなの？

２０１２年に発表された「クリスパー・キャスナイン（CRISPR-Cas9）[*2]」という方法で、いままでよりは簡単に作業ができるようになった。

ゲノム編集食品って世界中にあるの？

日本以外では、これまでアメリカの「高オレイン酸大豆」だけだったけど、2023年3月に「粘りのつよいトウモロコシ」が世界中で売られるようになった。これは、「ゲノム編集食品1号」と言われている。

「遺伝子組み換え（GM＝Genetically Modified）技術」は、他の生物の遺伝子を入れて新しい性質をつくるという「遺伝子をプラスする技術」。それに対して「ゲノム編集」は、「遺伝子をこわすというマイナスの技術」。やっていることは逆だけど、遺伝子をいじる（操作する）ということでは同じ（図3―1）。ゲノム編集はすべての遺伝子を操作できるという意味で、規模を大きくした遺伝子操作、次世代の遺伝子組み換え技術と言える。

中国にはゲノム編集で生まれた赤ちゃんもいたよね。

2018年に3人誕生している。赤ちゃんがエイズウイルス（HIV）に感染しないように、ウイルス感染にかかわる遺伝子をこわしたんだけど、生まれた赤ちゃんはインフルエンザが重症化しやすくなって、寿命が短くなることなどがわかった。赤ちゃんたちは生まれてから18年間、ずっと調査され続け、監視され続けて育つことになる。

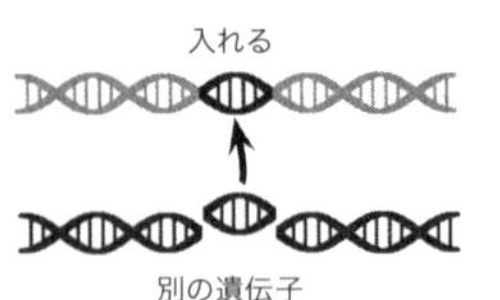

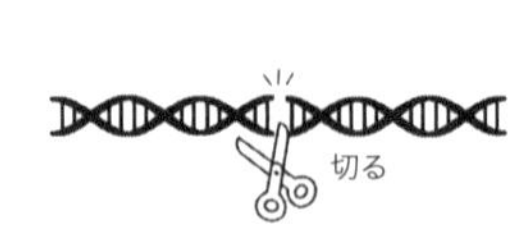

出典：天笠啓祐『新しい遺伝子組み換え――ゲノム編集食品の真実』日本消費者連盟、2021年

図3–1 「遺伝子組み換え」と「ゲノム編集」

■ゲノム編集には健康や環境に対する影響の審査もないし表示義務もない

ゲノム編集って、間違って狙っていない遺伝子を切ってしまうことはないの？

よくあるみたい。目的の遺伝子によく似た遺伝子を切ってしまうことは避けられなくて、それを「オフターゲット」って呼んでいる。切った場所が治るのは自然に任せるから、その近くでDNAが大量に抜けて落ちたり、移動したりすることが起こることもある。ゲノム編集した細胞と正常な細胞が入り乱れて細胞分裂を起こして育っていく「モザイク」と呼ばれることも起きやすい。さらに、遺伝子にはその働きをオンにしたり、オフにしたりするスイッチがついているんだけど、そのスイッチの異常も起きやすい。そんな危ない技術なのに、日本ではゲノム編集された食品は健康への影響も、環境への影響も調べられないまま、お店で売られている。

ゲノム編集された食品には「ゲノム編集された」とわかるシールとかがついてるの？

ついていない。政府は「自然界で起きる突然変異と変わらない」と言って、ゲノム編集されたことがわかるように表示することを義務づけていない。だから、私たちはどれがゲノム編集されたタイかフグがトマトかわからない。

なぜ、政府は調べることも表示もしないの？

「世界でいちばん企業が活躍しやすい国をめざす」[*3]と決めて、企業をもっとも大事にする政治を続けているから。２０１８年６月に「ゲノム編集を中心とするバイオ技術をすばやくおし進める」と決めて、２０１９年10月に食品や農作物にゲノム編集をすることを認めた。遺伝子組み換え作物の場合は、政府へ届け出て許可されることが必要だけど、ゲノム編集の場合は何もいらない。政府は、調べて検討することもなく「食品に表示をしない」と決めて、さらに種や苗への表示も必要ないとした。

トマトの種や苗を買うときもゲノム編集されたものかどうか、わからないの？　知らないでゲノム編集されたトマトの種を買うこともあるということだね。

■ゲノム編集や遺伝子組み換えされた食品を口に入れない

日本と違って、ゲノム編集された食品をとりしまっている国はあるの?

検討している国や、何もしていない国が多いけど、市民団体が裁判所に「ゲノム編集食品をとりしまるように」と訴えて、とりしまることが決まったのがニュージーランドとEU(欧州連合)。

ニュージーランドは2014年に、世界で初めて裁判所が「ゲノム編集されたものをすべてとりしまる」という判決を出した。EUでは2018年、欧州司法裁判所(EUの最高裁判所)が、ゲノム編集された作物について、「遺伝子組み換え作物と同じに扱う」と判断をくだしている。ゲノム編集は、遺伝子組み換えと同じように、遺伝子を操作する技術なのでとりしまるべきだとした。

ゲノム編集を進めている国は多いの?

ゲノム編集を「お金もうけをするための主な技術」にしようとしている国は多い。そんな国はとりしまるどころか、逆にとりしまりをゆるめようとしている。

将来は世界中でゲノム編集された食品が売られることになるの? ゲノム編集や遺伝子組み換えされた食品を食べないようにするにはどうしたらいいの?

それらの食品を取り扱わないお店や生活協同組合などから食品を買うこと。外食するとゲノム編集された食品を使っているかどうかがわからないから、できるだけ外食はしないことが大事。

ゲノム編集や遺伝子組み換えされた作物をつくらない農家を応援して、そこから野菜などを買うことがとても大事。よく行くスーパーやお店で、「ゲノム編集や遺伝子組み換えされた食品を売らないで」って何度も言うことも大事。周りの人に、「ゲノム編集や遺伝子組み換えされた食品は安全ではないよ」と知らせて、みんなで買わないようにすることも大事。私たちが買わなければ、企業は作らないし、売らなくなる。そして、政府には、しつこく「とりしまること」と「ゲノム編集された食品であると示すこと」を求めつづけることが大事だね。

食べものや種に「ゲノム編集でない」というマークがついていたら一目でわかっていいのに。

「ＯＫシードマーク」（図３―２）というものがある。「農家や市民の知る権利を守りたい」「自分の作るもの、食べるものは選べるようにしたい」という農家や市民が相談して、「ＯＫシードプロジェクト」を始めた。政府が表示をつけないなら、「自分たちでゲノム編集していない種や食品にマークをつけよう」と「ＯＫシードマーク」をつくった。このマークがついたものを買えば、ゲノム編集された食品を口に入れないですむ。

図 3–2　OK シードマーク

2　日本は遺伝子組み換え作物を大量に輸入している

■輸入作物の約９割が遺伝子組み換えされている

日本は世界でいちばんお金を出して遺伝子組み換え（ＧＭ）作物を輸入してる国だって、知っている？

１９９６年に遺伝子組み換え大豆をアメリカから輸入しはじめたんだけど、どんどん輸入する遺伝子組み換え作物が増えていって、２０１６年には1年間で約２０００tになった。日本は遺伝子組み換え作物をつくってはいないけど、認めて許可した遺伝子組み換え作物は、大豆、トウモロコシ、綿実、ナタネ、テンサイ、ジャガイモ、アルファルファ、パパイアの8作物。そのうち、売られているのは大豆、トウモロコシ、綿実、ナタネの4種類。

輸入している大豆、トウモロコシ、綿実、ナタネはみんな遺伝子組み換え作物なの?

100%ではないけど、日本の輸入先のアメリカ、ブラジル、カナダ、オーストラリアなどが、遺伝子組み換えした品種を高い割合でつくっているから、日本に輸出される作物の約9割が遺伝子組み換え作物ではないかと言われている(表3―1)。

大豆、トウモロコシ、綿実、ナタネはどんな製品にされているの?

主に、まず食用油にされて、その後にマーガリンやドレッシング、マヨネーズ、お菓子などいろんな加工食品の原料として使われている。トウモロコシや油をしぼったあとの大豆は、家畜のエサ(飼料)に多く使われている。

■醤油・飼料・食品添加物には「遺伝子組み換え」と書かなくていい

マヨネーズやドレッシング、お菓子の袋を見ても、「遺伝子組み換え」と書いてない。なぜ、書いてないの? ほとんどの人は、遺伝子組み換え作物が原料だと知らないで食べているよね。

日本では、「遺伝子組み換えである」と書かなければならないのは、「農産物」では、大豆、トウモロコシ、綿実、ナタネ、テンサイ、ジャガイモ、アルファルファ、パパイアの8作物だけ。「加工食品」では、「全重量の5%を超えて、かつ上位3位までのGM原料」だけ(表3―2)。そして、「食品添加物」は書かなくていいんだ。醤油、コーン油、ナタネ油などは誰でも使っていると思うけど、これらにも「遺伝子組み換えである」と書く必要がない。理由は、「組み換えられたDNAや、これによってできたタンパク質を見つけ出すことができない」から。

表 3–1　日本に輸出される遺伝子組み換え作物の割合

（単位：%）

		2018 年の作付け割合	日本の輸入の割合（2019 年）	日本の自給率（2019 年）	食卓に出回る割合
トウモロコシ	米国	92	69	0.0	90.3
	ブラジル	89	29		
	アルゼンチン	97	1		
大豆	米国	94	73	6.0	87.9
	ブラジル	96	16		
	カナダ	95	10		
ナタネ	カナダ	95	95	0.0	91.4
	豪州	22	5		
綿実（食用）	米国	94	61	0.0	75.0
	ブラジル	84	21		

※ 2018 年の作付け割合は、全作付け面積の中の遺伝子組み換えの割合
出典：ISAAA、米農務省、農水省などより計

表 3–2　遺伝子組み換え（GM）表示の国際比較

	表示対象	食用油、醤油等
日本	全重量の 5% 超、かつ上位 3 位までの GM 原料	表示対象外
E U	0.9% 超の GM 作物を含む食品及び飼料	表示対象
豪州	1% 超の GM 作物を含む食品	表示対象外
米国	5% 超の GM 作物を含む食品	表示対象外
韓国	3% 超の GM 作物を含む食品	表示対象外
台湾	3% 超の GM 作物を含む食品	表示対象

出典：原英二『どうなっているの？　食品表示』（日本消費者連盟、2022 年）

大豆、トウモロコシ、綿実、ナタネの4種類はほとんどが輸入で、9割以上が遺伝子組み換え作物なんでしょ。なのに、それらを原料にした醤油や油などに書かなくていいなんて、消費者をバカにしてるよ。

エサ（飼料）にも書く必要がない。日本は家畜の飼料の7割以上を輸入しているけど、アメリカから輸入している飼料のトウモロコシは9割以上が遺伝子組み換え。当然、飼料のほとんどが遺伝子組み換えだと思っていい。

どこの国も日本みたいに「遺伝子組み換えである」と書いている食品が少ないの？

EUでは、「0・9％を超えた遺伝子組み換え作物をふくむ食品と飼料」には書くことになっているから、食用の油や醤油にも書かなければならない。

■「遺伝子組み換えでない」と書けない

日本政府が子どものことを大切に思うなら、遺伝子組み換え作物を使ったすべての食品や飼料に「使っている」と書くべきだよ。

残念ながら現実は逆の方向に向かっている。これまで政府は、遺伝子組み換え作物が5％まで混ざっていても、「遺伝子組み換えでない」と書くことを認めていた。だけど、2023年4月からは、少しでも混ざっていたら「遺伝子組み換えでない」と書いてはいけないと決めたんだ。0・01％でも遺伝子組み換え作物が入っていたら、業者は罰金を払ったりしなければならなくなった。だけど、作物のほとんどを輸入している日本では0％というのはムリだから業者は「遺伝子組み換えでない」とは書かなくなる。そうなると私たちには、その商品が遺伝子組み換え作物をいっぱい使っているのか、使っていないのかが、まったくわからなくなる。

それって、遺伝子組み換え作物をたくさん使っている商品が得をするってことでしょ。書いてあったら、遺伝子組み換え作物を食べたくない人はそっちを買うから。わからなくしたら、選べないから遺伝子組み換え作物を食べるしかない。

ますます、安全な食品を取り扱う農家やお店、生協などが大事になるね。

■除草剤をかけられても作物は枯れない

日本が輸入している作物にはどんな遺伝子組み換えがされているの？

いちばん多いのが、「除草剤[*4]をかけられても枯れない」というもの。すべての植物を枯らすというほど強い除草剤に「ラウンドアップ」という製品があるけど、このラウンドアップをかけても枯れないように遺伝子組み換えがされている。アメリカのモンサントという会社がラウンドアップと「ラウンドアップをかけても枯れない作物」を遺伝子組み換えでつくった。そして、その両方をセットにして売っているんだ。

つまり、ラウンドアップをまくとすべての草は枯れるけど、モンサント社のつくった遺伝子組み換え作物だけは枯れないということだね。モンサント社は2倍の儲けだ！

「その作物を食べた虫が死ぬ」ように遺伝子組み換えされた作物もある。これは、虫を殺す「毒」をもった細菌の遺伝子をトウモロコシなどに入れて、作物のすべての細胞に虫を殺す毒ができるようにしたもの。

■「虫を殺す毒」が妊娠した女性の血液から出た

除草剤をかけられても枯れない作物や、それを食べると虫が死ぬような作物を私たちが食べて、大丈夫なの？

2009年に、米国環境医学会が過去の動物実験を調べて、遺伝子組み換え作物には「免疫システムへの悪い影響がある」「子どもをつくったり産んだりすることに悪い影響がある」「肝臓や腎臓など、毒をなくすはたらきをする臓器に障害がおきる」と、言っている。そして、「すぐに一時停止しなさい」「長い時間をかけて安全を確かめる試験をしなさい」「遺伝子組み換えしたことを全て書いて知らせなさい」と、政府に求めたんだ。

　アメリカ政府は求められたことをしたの？

いまだに実行されていない。２０１１年には、遺伝子組み換え作物の「虫を殺す毒」が妊娠した女性の93％の血液から、また80％の女性の臍帯血（さいたいけつ）[*5]からも見つかったと、カナダ・ケベック州のシャーブルック医科大学産婦人科の医師たちが発表してる。

　遺伝子組み換え作物がつくられ始めたのが１９９６年。15年間でもう人間の赤ちゃんにまで遺伝子組み換え作物の毒が入ってきてるんだ！

■ラットのメスの80％に乳腺がんができた

「この遺伝子組み換え作物は安全」と決めるのは、「ラットに遺伝子組み換え作物を3カ月間与えても問題ない」という実験の結果をもとにしている。だけど、ラットの3カ月は人間の10年にしか当たらない。一生をとおして安全を確かめるには、ラットが生まれてから死ぬまでの2年間の実験が必要なんだ。それで、２０１２年にフランス・カーン大学のセラリーニ教授たちが２００匹（ふつうは60〜90匹ぐらい）のラットを使って2年間、実験を行った。

まず、大きく4つのグループに分けた。

Aは「遺伝子組み換えトウモロコシ」が与えられたグループ。

Bは「ラウンドアップをまいてつくった遺伝子組み換えトウモロコシ」が与えられたグループ。

Cは「ラウンドアップを混ぜた飲み水」が与えられたグループ。
Dは「遺伝子組み換えでないトウモロコシとラウンドアップの入っていない水」が与えられたグループ。

それで、どんな結果が出たの？

ABCのグループからわかったことは、
4カ月目で「死ぬラット」が出た。
13カ月目で、「メスの10〜30％に乳がんが増えた」「オスに腎臓の病気が増えた」「がんが異常に大きくなった」。
15カ月目で、「複数のがんができた」「乳腺にハトの卵大サイズの腫がんができた」（写真3―1）。
21カ月目で、「オスのがんの数が3〜4倍に増えた」「メスの80％に乳腺のがんができた」。

4カ月目からいろんな異常が現れるんだ！　3カ月だけの実験ではわからないわけだね。遺伝子組み換え作物やラウンドアップ、その組み合わせなどがいろんな病気やがんを増やしたり、がんを大きくすることが確かめられたんだね。

それで2015年には、国際がん研究機関（IARC）が、ラウンドアップの主な成分の「グリホサート」という農薬を、「ヒトに対しておそらく発がん性がある」と決めた。

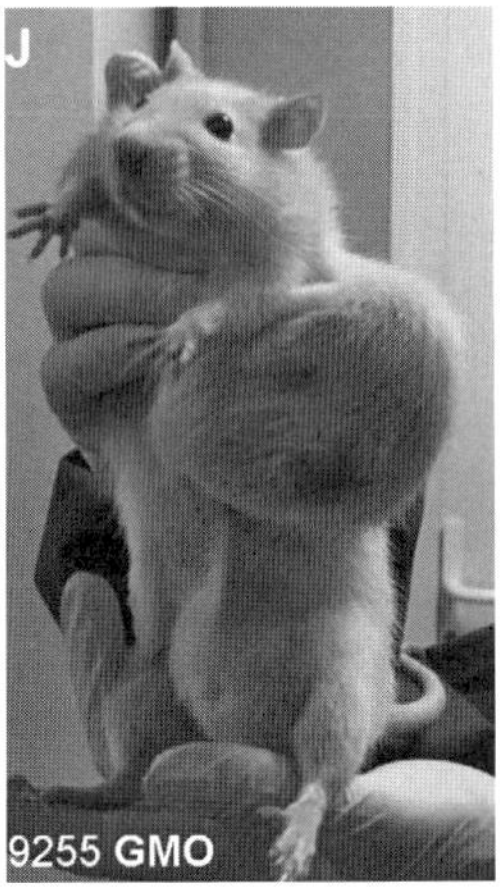

写真3–1　ハトの卵サイズの大きな腫瘍ができたラット（出典：https://www.gmoseralini.org/wp-content/uploads/2012/11/GES-final-study-19.9.121.pdf）

■除草剤「ラウンドアップ」には「発がん性」がある

世界中に「除草剤をかけても枯れない作物」と「除草剤のラウンドアップ」をセットで売りまくって、お金をたくさんもうけてきたモンサント社だけど、2018年

8月10日、ついに裁判で負けた。勝ったのは、アメリカのカリフォルニア州に住むドウェイン・リー・ジョンソンさん。彼は、「ラウンドアップを使ったことが原因で、末期の悪性リンパ腫[*6]になった」と、モンサント社を訴えていた。彼は中学校で校庭の害虫を退治したり雑草を取り除いたりする仕事を２０１２年からしていて、その間、1年間に20回から30回もラウンドアップをまいていた。その結果、２０１４年8月に悪性リンパ腫ができた。

ジョンソンさんはラウンドアップに発がん性があることを知らなかったの？

２０１４年に体に湿疹が出たり、激しい痛みが出たりしたとき、彼はモンサント社に「ラウンドアップと関係はないですか」と聞いたけど、何の回答もなかったから使い続けた。彼は裁判で、「もし、がんになることがわかっていたら、私はラウンドアップを中学校の敷地内や生徒たちの周りにまかなかった」と訴えている。

カリフォルニア州のサンフランシスコ地方裁判所はジョンソンさんの訴えを認めて、２０１８年6月、モンサント社を買ったバイエル社に対して、2億８９２０万ドル（日本円で約３２０億円）をジョンソンさんに払うように命じたんだ。そのうちの2億５０００万ドル（日本円で約２７５億円）は、モンサント社が「ラウンドアップの発がん性を知っていたのに知らせなかった罰としてのお金」となっている。

日本では考えられない金額。それくらい重い罪だと思われたんだね。

この判決は、「ラウンドアップの主な成分であるグリホサートががんの原因である」と認めた世界で最初の判決だった。この後、バイエル社を訴える裁判はアメリカだけでなくオーストラリアやカナダでも起きて、ラウンドアップを輸入することや使うことを禁止する国も増えていった。フランスは２０１９年1月に、「ラウンドアップとそれに関係した商品を個人へ売ってはいけない」と発表し、農家へも「売ってはいけない」と決めた。この流れは世界中に広がって、カナダ、ブラジル、アルゼンチン、メキシコ、中東6カ国、インド、ベトナム、スリランカ、中国などでも、グリホサートを使うことを禁止したり制限したりしてきた。

日本はどうなの？

いまでもラウンドアップは野放し状態で、ホームセンターとかで「素早く枯らす」「根まで枯らす」などのキャッチコピーで、普通に売られている。子どもが遊ぶ公園や家庭用の菜園で、平気で使われている。

田んぼのあぜ道にも除草剤がまかれて、そこだけ草が黄色に枯れているのをよく見るよ。

■農薬グリホサートの残留基準値を最大４００倍ゆるくした

除草剤ラウンドアップの主な成分はグリホサートだけど、それ以外に、それを補って助ける「補助剤」というものがたくさん使われている。主な補助剤は、動物や植物の細胞膜へヒノが入り込むことを助ける界面活性剤。この界面活性剤の毒がとても強くて、グリホサートだけのものと、製品のラウンドアップとを比べると、ラウンドアップの方が約１００倍も毒が強い。

除草剤をかけても枯れないように遺伝子組み換えされた作物は、除草剤を必ずかけられるから、輸入される遺伝子組み換え作物はとても危険だね。

輸入される作物にはもう一つ大きな問題がある。アメリカやカナダでは作物を収穫するとき、作物を刈り取りやすくするために作物を枯らすんだけど、その枯らす農薬にグリホサートが使われていること。日本で売られているアメリカやカナダ産の小麦は、検査したものの90％以上、年によっては１００％からグリホサートが見つかっている。

どうして、そんなにグリホサートが入っているものを輸入するの？

日本は食料をほとんど輸入しているから、検査を厳しくすると輸入できるものが少なくなるから。食の安全を考えたら、ほんとうはグリホサートが見つかったものは輸入しないようにすべきだと思うけど、政府は検査

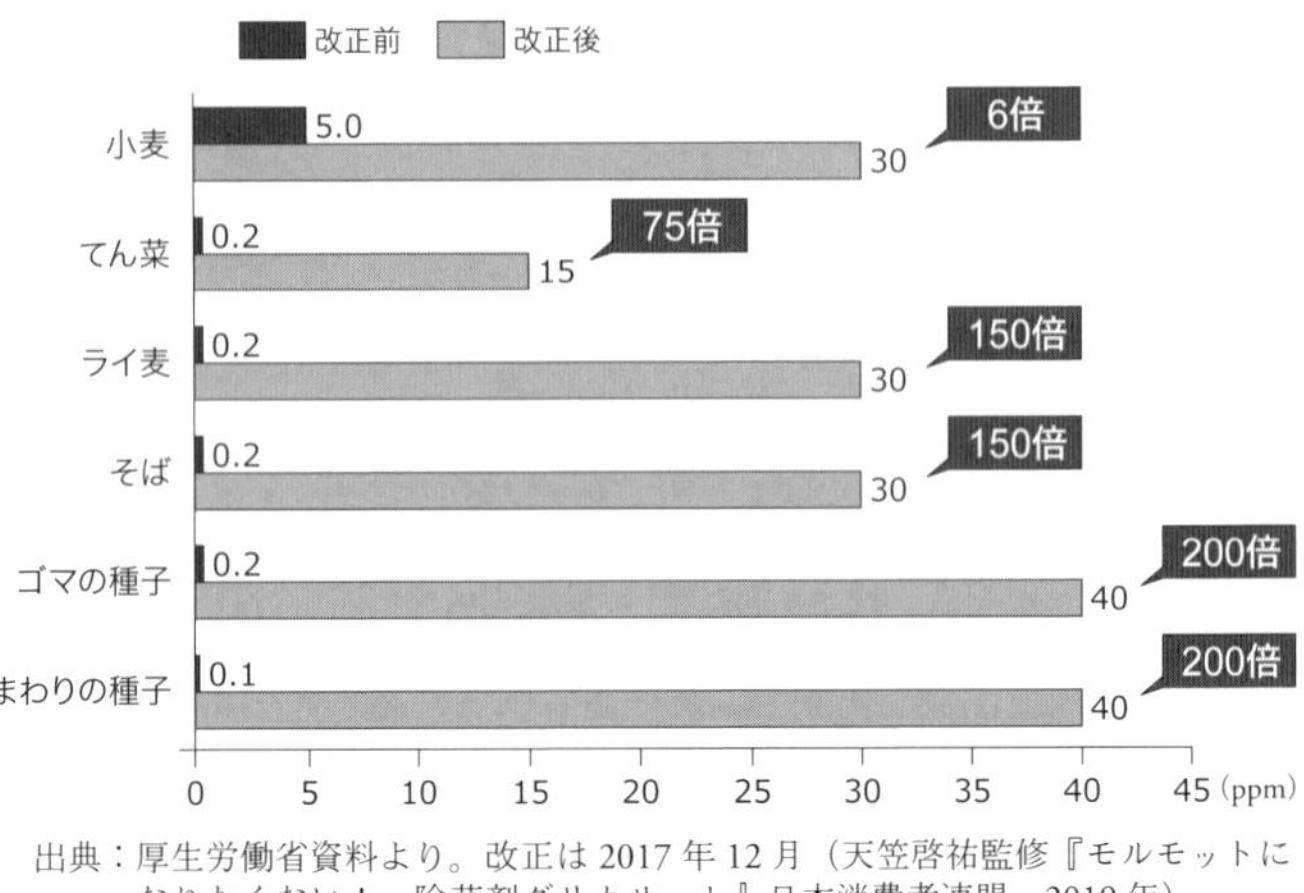

出典：厚生労働省資料より。改正は 2017 年 12 月（天笠啓祐監修『モルモットになりたくない！　除草剤グリホサート』日本消費者連盟、2019 年）

図 3–3　緩和される日本のグリホサート残留基準値

を厳しくするどころか、ゆるくしている。２０１７年にグリホサートの残留基準値*7を何倍、何百倍にもゆるくした。たとえば、小麦は５ppmから６倍の30ppmに、ライ麦やそばは０・２ppmから１５０倍の30ppmに。ひまわりの種は０・１ppmから４００倍の40ppmに変えられた（図３―３）。

学校給食のパンは大丈夫なの？　私たちはグリホサートを毎日食べているの？

食べさせられている可能性は高い。給食のパンに使う小麦は安全な国内産の有機小麦に変えていかないといけないね。

■「NON GMO」「ORGANIC」ラベルを実現させた

グリホサートが残る食品を食べないようにするには、遺伝子組み換え食品を食べないようにするのがいちばんだけど、書いてないから選べないよ。

「遺伝子組み換え食品でないものがほしい」という人がすごく増えたら、どんなスーパーでも遺伝子組み換えでない食品を置くようになると思う。

アメリカ・カリフォルニア州に住むゼン・ハニーカットさんは、息子3人がひどいアレルギー症状などで苦しんできたことから、遺伝子組み換え食品の危険性に気がついた。調べてみると、アメリカで売られている加工食品の85%が遺伝子組み換え食品で、買った人は知らないうちに除草剤の農薬も食べていることがわかった。それで彼女はオーガニック食品だけを食べるようにした。すると3人の息子のアレルギー症状はすぐによくなって健康になった。

「愛する子どもたちが目に見えない危険にさらされている」と心の底から思ったゼンさんは、市民団体「マムズ・アクロス・アメリカ（MMA）」をつくった。そして、グリホサートを使った製品をお店からなくす運動をしながら、仲間とキャンピングカーでアメリカ中を回って、行く先々のスーパーで「オーガニック食品[*8]や遺伝子組み換えでない食品は売っていないのですか」と聞いて回った。その結果、いまではカリフォルニア州を中心とする西海岸や、ニューヨーク州など東海岸でも、食品に「NON GMO（遺伝子組み換えでない食品）」や「ORGANIC（有機）」などのラベルが付けられるようになった。

日本もみんなが要求すれば、全国のスーパーが「NON GMO」や「ORGANIC」などのラベルをはる可能性があるね。

いま、「マムズ・アクロス・アメリカ」の会員数は150万人を超えている。ゼンさんは会員に「オーガニック食品や遺伝子組み換えでない食品を、月に100ドル（日本円で約1万1000円）ずつ買っていきませんか」と呼びかけて、オーガニック食品や遺伝子組み換えでない食品を買う人を増やしてきた。

3　日本の農薬使用は世界トップレベルだ

■農薬を使うほど発達障害が増える

日本は「農薬をいっぱい使っている国」でもあって、「同じ面積でどれくらいの農薬を使っているか」を比

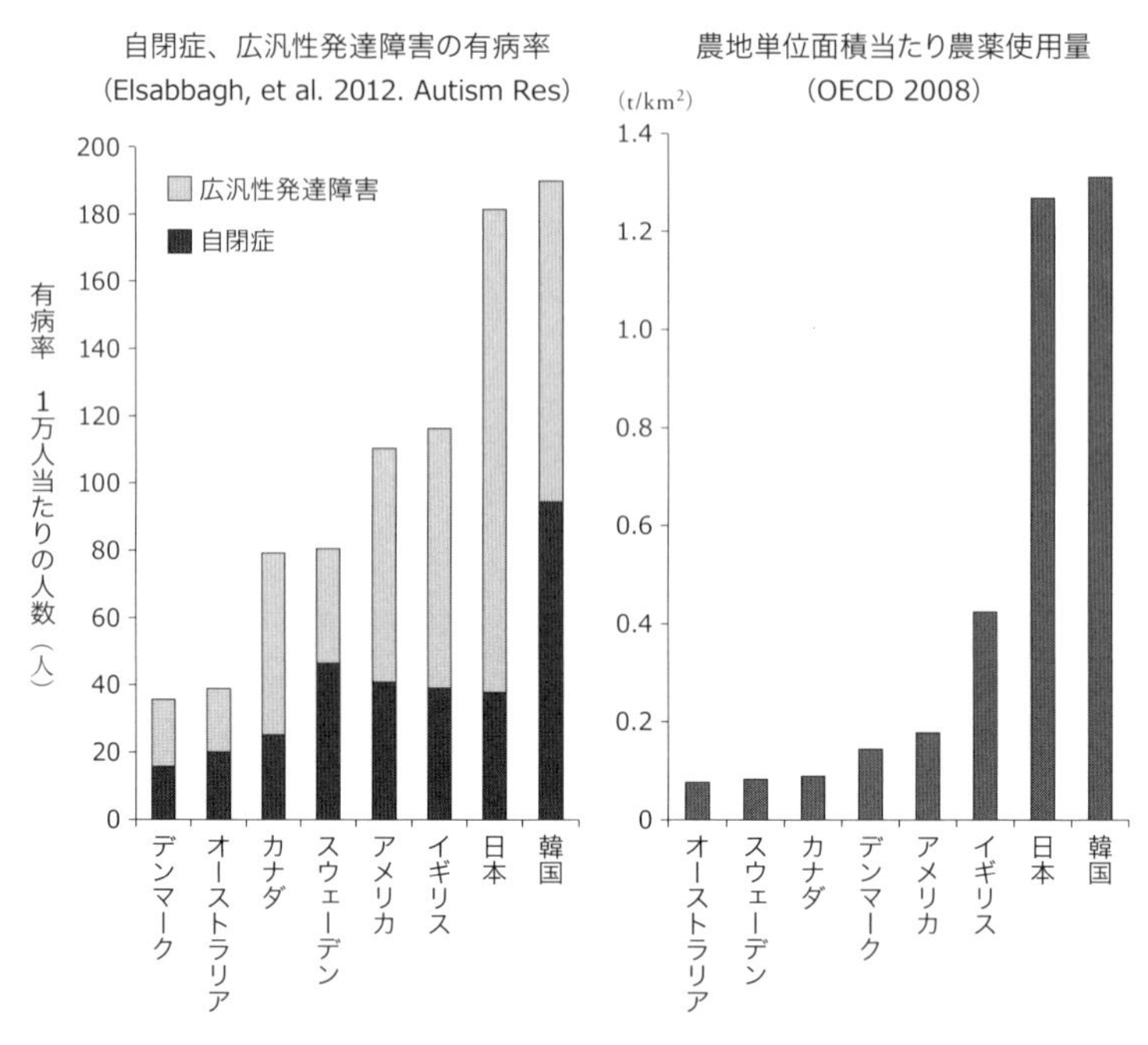

出典：木村―黒田純子『地球を脅かす化学物質――発達障害やアレルギー急増の原因』海鳴社、2018年

図3–4　OECD加盟主要国の「農地単位面積当たり農薬使用量」と「自閉症、広汎性発達障害の有病率」

べてみると、いつも世界の上から3位までにはいっている。

「農薬を使った量」と、「自閉症＋広汎性発達障害[9]（自閉症スペクトラム障害）のある人の割合」を比べた研究があるけど、2008年に「農薬を使った量」が1位の韓国、2位の日本、3位のイギリス、4位のアメリカは、「自閉症＋広汎性発達障害のある人の割合」でも同じ順位になっていた。つまり農薬を多く使えば使うほど、自閉症など障害のある子どもが増えていくということ（図3―4）。

文部科学省（文科省）の調査によると、2020（令和2）年度、小中高校で通級[10]指導を受けた子どもは16万4697人。そのうち小学生が14万255人。全体でみると、前の年に比べて約3万人増えている。「情緒障害[11]」「自閉症[12]」「学習障害（LD）[13]」「注意欠陥多動性障害（ADHD）[14]」

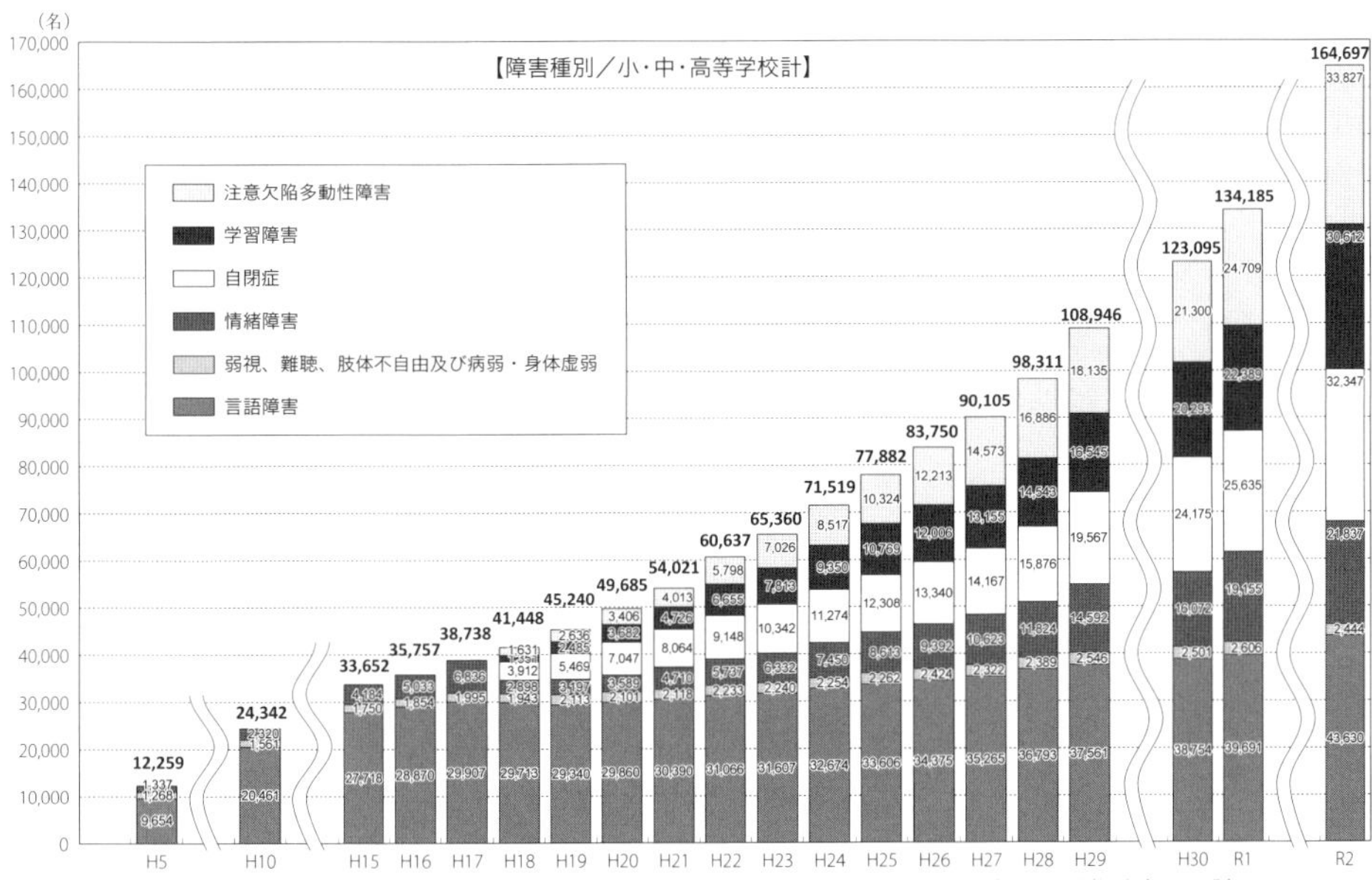

※令和2年度のみ、令和3年3月31日を基準とし令和2年度中に通級による指導を実施した児童生徒数について調査。その他の年度の児童生徒数は年度5月1日現在。
※「注意欠陥多動性障害」及び「学習障害」は、平成18年度から通級による指導の対象として学校教育法施行規則に規定し、併せて「自閉症」も平成18年度から対象として明示（平成17年度以前は主に「情緒障害」の通級による指導の対象として対応）。
※平成30年度から、国立・私立学校を含めて調査。
※高等学校における通級による指導は平成30年度開始であることから、高等学校については平成30年度から計上。
※小学校には義務教育学校前期課程、中学校には義務教育学校後期課程及び中等教育学校前期課程、高等学校には中等教育学校後期課程を含める。

出典：文部科学省「令和2〜3年度 特別支援教育に関する調査の結果について」

図3–5 通級による指導を受けている児童生徒数の推移

がどんどん増えている（図3―5）。

農薬を使う量が増えてきたからいろんな障害も増えてきているのかな。

通常の教室で勉強している小中学生の8・8%が発達障害[15]かもしれないって、2022年の文科省の調査でわかった。小学生の10人中1人に発達障害がある。1クラス35人とすると、1教室に3人の割合。全国の公立小中学校全体でみると70万人を超えている。

■農薬は子どもの脳の発達を悪くする

農薬が発達障害に関係あるってわかっているの？

「ADHDは有機リン系農薬[16]に体がさらされると約2倍高くなる」「有機リン系農薬に胎児がさらされると、3歳でADHDや自閉症の前に現れる症状が出る」「有機リン系農薬で知能（IQ）が低くなったり、何かの作業をするときに記憶の障害がおこったりする」などが、いろんな研究からわかってきている。２０１２年12月には米国小児科学会が、「農薬に子どもの体がさらされると脳の発達に悪い影響を受けて、健康被害もひきおこされる」として、「子どもが農薬にさらされるのを減らすべきだ」と、政府に意見を述べている。

10年以上も前から「農薬が脳へ悪い影響を与える」ことがわかっていたんだ！

２０１５年には国際産婦人科連合が、「農薬や内分泌かく乱物質など害のある環境の化学物質にさらされると、ヒトが子どもをつくったり産んだりするときに異常が増えて、子どもが健康でなかったり、脳がちゃんと発達しなかったりということが増えている」と、社会に対して注意している。

農薬を売る前に、子どもの脳に安全かどうかという試験はしないの？

日本はしなくていい。「胎児のときに農薬にさらされたら、成長するにつれてどんな影響が出てくるか」を調べる試験を、政府は企業に義務づけていない。

■空から農薬が降ってくる

ルイのところに来たとき、田んぼの稲にドローンで農薬をかけていて、あわてて家の中に駆け込んだよね。

日本はいまでも農薬を空からまくところが多い。農薬を空からまくときには、農地にまくときよりも数倍から１００倍ちかく濃くしてまくからとても危険。ＥＵでは農薬の空中散布が禁じられていて、有機リン系農薬を使うことも禁止されている。日本でも、早くからこの問題にとりくんできた埼玉県小川町の下里地区では、１９８７年から農薬の空中散布は中止しているけど、地域差が大きい。

もし、農薬を空から浴びたら、体はどうなるんだろう？

２０１３年６月12日に群馬県高崎市で、ゴルフ場経営者が無人ヘリコプターで農薬を空からまいて、それを小中学生が浴びた。農薬を浴びた子どもたちの症状は、「頭が痛くてどうしようもない」「とにかくだるい」「吐き気がする」「めまいがする」「不整脈・頻脈[*17]がある」「手足がふるえる」「一時的に記憶がなくなってしまった」など。

まかれた農薬はネオニコチノイド系農薬[*18]だった。この農薬は「害虫は殺すけどヒトには安全」と宣伝されていたけど、まったく安全でないことが証明された。「一時的に記憶がなくなってしまった」子どもがいたけど、これは「神経の働きをじゃまする」この農薬に特徴的な症状だった。

「ミツバチが少なくなって蜜がとれなくなった」って、隣のおじさんが言ってたけど、それもネオニコチノイド系農薬の影響があるよね？

世界中でミツバチが大量にいなくなって、大問題になったことがあった。１９９０年代半ばから２０００年代初めにかけて、ミツバチが大量に死んだ国は29カ国にまで広がった。２００７年春までに、北半球のミツバチの４分の１が消えたんじゃないかって言われた。その主な原因がネオニコチノイド系農薬だということになった。ネオニコチノイド系農薬にさらされたミツバチは方向感覚や運動感覚がおかしくなって、巣に戻れなくなったんだ。

■フランスはネオニコチノイド系農薬をすべて禁止した

ネオニコチノイド系農薬は、もちろん、とりしまられているんでしょ？

フランスでは２０１８年９月からすべてのネオニコチノイド系農薬を禁止して、10月には「ネオニコチノイ

ド と同じ働きをするすべての製品の禁止」も決めた。フランスは世界で初めて、ネオニコチノイド系農薬を「使う」ことも、「売る」ことも、「輸入する」ことも禁止する国になった。欧州委員会も２０２０年５月20日に「農場から食卓まで（Farm to Fork）戦略」[19]を決めて、２０３０年までに「化学農薬を使うことを50％減らす」「有機農業の面積を耕地の25％に増やす」などを決めている。

農薬使用量を10年で半分にするというのはすごい。だけど、土の中の微生物や動植物を殺さないためには、「農薬ゼロ」を決めてほしいね。

地球全体のことを考えたら農薬はゼロにしないとね。ヨーロッパの人たちは１０５万筆の署名を集めて、２０２２年10月10日に市民発議「ミツバチと農民を救え！（Save Bees and Farmers!）」[20]を成立させた。彼らは２０３５年までに段階的に化学農薬を禁止して、いろんな生物が生きられる環境を取り戻すこと、そのために農家を応援して助けることなどを求めている。

■「みどりの食料システム戦略」は５ＧやＡＩをたくさん使う

日本は農薬をなくそうとしているの？

農林水産省が２０２１年５月に「みどりの食料システム戦略」を決めて、「化学肥料の使用量を30％減らす」「化学農薬の使用量をリスク換算で50％減らす」「有機農業を耕作面積の約25％にあたる１００万haまで増やす」などを、２０５０年までにめざすとしている。でも、この「みどりの食料システム戦略」は、「いいね！　いいね！」とはとても言えない。まず、「スマート技術」「ＡＩ（人工知能）」「ビッグデータ」「スマート防御」「除草ロボット」「ドローン」などの言葉には、「人間が中心になってやる農業」のニオイがしない。

「スマート」と名前がつくものは５Ｇ（第５世代移動通信システム）の技術を使って、遠く離れたところから操作するのが基本だから、5G基地局が近くにあることが前提。「みどりの食料システム戦略」というより、「デジタル農業戦略」というほうがぴったりするし、大手IT企業のニオイがプンプンする。さらに、「化学農薬を使う量を減らすための技術開発・普及」として「RNA農薬の開発」[*21]も予定されている。

農薬を減らすために代わりの農薬を開発するって、おかしいよ。単純に農薬を使わなければいいだけでしょ。5G基地局がたくさん建っている中を、無人のトラクターが田んぼを動き回って、その上をドローンが飛んでる風景なんて、ぞっとする。

農薬のない世界は豊かだよ。ルイが子どものころ、田んぼにはアメンボやタガメがいて、畑にはバッタやカエルが跳ねて、トンボがいっぱい飛んでいた。田んぼの横に掘られた小さな溝にはシジミもタニシもいた。川の水もきれいだったから、夏休みには川に潜って、河童が住んでるという穴を探検したり、川石を裏返して、ビリチョコという小さな魚を捕まえたりした。お腹がすいたら、道端のスカンポや野イチゴや桑の実などを食べていた。農薬をなくせば、そんな世界も取り戻せる。

4　日本は食料自給率が10％だ

■物流が止まったら日本人は餓死する

「もし、核戦争[*22]が起こって、爆発によって大気中に飛び散ったチリが太陽の光をさえぎり、地球の気温が下がる『核の冬』がきたら、世界中でどれくらい餓死する人が出るか」。それを試しに計算した論文[*23]があるんだけど、日本人はどれくらい餓死すると思う？

人口の2割ぐらい？

その論文によると6割。世界的な食料危機で国際間の取引が停止されたら、2年後には世界中で餓死する人は最小でも2億5000万人。そのうち3割の7200万人が日本人なんだって。7200万人は日本の人口の6割。さらに、餓死する人が最大の場合、その数は50億人を超えるという計算で、そのときは日本人のほぼ全員が餓死することになる。

ほんと!! 核戦争が起きたら日本は絶滅だね。どうして、日本はそんなに餓死者が多くなるの?

食料自給率[*24]が低すぎるから。2021年度で約38%。これはカロリーベース(食料の重さを熱量に換算したもの)だから、本当の自給率はもっと低い。種や肥料のことも考えたら、自給率は10%あるかないか。2021年度の野菜類の自給率は79%だけど、その種の90%を外国から買っているから、種の輸入が止まったら自給率は約8%。鶏の卵も96%が国内でつくられているけど、国産のエサだけを使ったら、自給率は13%にまで下がる。農家の99・4%は化学肥料を必要とする農業を行っているけど、化学肥料の材料[*25]もほぼ100%輸入だから、材料が輸入できなくなったら化学肥料もつくれず、食糧の生産もぐっと減る。

穀物の自給率になると、もっと低い。2021年度は29%しかない。お米は98%だけど、小麦は17%、大豆は7%、トウモロコシや大麦などは1%。日本の穀物の自給率は、2019年度の場合、世界179の国・地域中127番目。OECD加盟38カ国中32番目。

核戦争が起きなくても、何かのトラブルで輸入ができなくなったら、日本人はお金があっても食料が買えずに飢えるということだね。

■占領政策を受け入れて「食の安全保障」がこわれた

日本はほっといても草がどんどん生えてくるほど土地が豊かなのに、どうして自給率が低いの?

鎖国をしていた江戸時代は自給率100%だったでしょ。いつから、自分の食べるものもつくれないような国になっちゃったんだろう?

鈴木宣弘さん[26]は、日本の「食の安全保障[27]」がこわれ始めたのは、日本が第二次世界大戦[28]に負けて、アメリカの占領政策を受け入れたときだと言っている。とくに、アメリカの「余った生産物」の最後の処分場として、日本が最大のターゲット(標的)にされたことが大きい。

アメリカが抱えていた「余った生産物」って何?

小麦、大豆、トウモロコシ。この3種類の作物は、戦後、輸入品に国がかける税金(関税)がかけられなかったから、安い値段でどんどん日本に入ってきた。そのために、みんなが外国産を買うようになって、日本の小麦、大豆、トウモロコシは売れなくなって、つくる人がほとんどいなくなった。

■自動車を売るために農産物を買う

日本の自給率が下がった一番大きな原因は、「貿易の自由化」。戦後、日本政府は、自動車などをつくる製造業でお金をもうけようとした。そして、日本車をアメリカで売るとき、税金をかけるのをアメリカにやめてもらう代わりに、アメリカの農産物に日本が税金をかけるのをやめた。それで、日本はアメリカの余った農産物をどんどん輸入することになった。政府は製造業でお金がもうかれば、「食の安全保障」はお金を出して買えばいいという考えになった。

それで、食料の輸入が増えて、日本の食料自給率はどんどん下がっていったんだね。だけど、アメリカは農産物を買わせるために、値段を日本のものより安くしたら、アメリカの農家は損をしないの?

アメリカは、食料を「武器より安い武器」として、「食料で世界をコントロール（支配）する」という方針で貿易をしているから、農家が損をしないように政府がお金を払って農家を守っている。それに対して、日本政府は農家を守ってこなかったから、1961年には75%あった穀物自給率が、2019年には28%まで落ちた。

■「洋食推進運動」で欧米型の食生活にされた

日本の食料自給率が下がったもう一つの原因は、「日本の食生活を洋風に変えよう」というアメリカの運動だった。アメリカは余った小麦を日本に輸出するために、日本人にお米ではなくパンを食べさせようと「洋食推進運動」を日本中ですすめた。料理の材料に必ずアメリカ産の小麦と大豆を使うことを条件にお金を全部出して、調理台のついた「キッチンカー（栄養指導車）」を日本中に走らせた。「ご飯、みそ汁、つけもの」という日本の伝統的な食生活を欧米型に変えさせるために。1958年には、林髞（たかし）[*29]さんが、「お米を食べるとバカになる」という「米食低能論」を書いて、「せめて子どもの主食だけはパンにした方がよい」と言った。

「お米を食べると低能になる」なんて、そんなバカなことを日本人は信じたの？

当時は、信じる人が多かった。そして、欧米型の食事を広めるときに役にたったのが学校給食。1954年に学校給食法が出されて、全国の小中学校でコッペパンが主食として出された。ルイが小中学生のときも主食はパンで、脱脂粉乳がついた給食だった。パンはパサついていて美味しくなかったし、脱脂粉乳は時間がたつと表面に膜が張ってまずかった。残すと先生に叱られたから、みんな鼻をつまんで飲んでた。

全国の子どもたちが毎日、給食でパンを食べたら、小麦は大量に必要になるね。

何より、小さいときに食べた舌の記憶はいつまでも残るから、子どもたちは大人になっても、学校給食で覚えたパン食中心の欧米型食事をするようになる。「ごはんとみそ汁」という日本の食文化がだんだん薄れていき、みんながお米をたくさん食べなくなって、お米が余るようになった。農家は政府から「お米をつくらなければお金を払う」とまで言われて、お米をつくらない田んぼが増えていった。

■「公共の種子」をやめる

自分の国で食料をつくらなくなったら、国民は飢えるでしょ。政府は自給率を上げるために何かしてきたの？

日本の食料自給率は実際は10％しかないのに、政府はさらに「命の源」の種まで自分たちでつくれないように法律をやめたり、変えたりしている。２０１７年４月に政府は「主要農作物種子法」（種子法）[*30]廃止を決めて、２０１８年４月に廃止した。種子法のいちばん大きな特徴は、農家が使う種子の親種である「原種」と、原種の親種である「原原種」を育てて、稲をつくっている農家へ「あげなさい」と、都道府県に義務づけたこと。「食料を国民みんなが食べられるようにするには、何よりも種子が大事」ということで、都道府県にある農業試験場が、その地域の気象や土地の状態にあって、農家がほしいという種子をつくって、良い種子を農協などから農家にあげてきた。

どうしてこんないい法律をなくす必要があるんだろう。

理由は、「種子法があると、民間の企業が参加できないから」。この種子法がなくなったことで、公共の機関が種子を開発し、その種子を保存しておくことができなくなった。政府は「みんなのための公共の種子」をやめにした。

■公共の種苗の知識や技術を民間企業にわたせ

次に政府は２０１７年8月に「農業競争力強化支援法」をつくった。この法律は、「公共の機関がもっている種子や苗についての知識などを民間の企業にどんどんあげなさい」というもの。民間の企業には「モンサントなど海外の企業も入っている」と、当時の農林水産副大臣が国会で言っている。

モンサントって、除草剤のラウンドアップをつくっている会社でしょ。どうして、これまで税金を使って長い間かけてつくりあげたものを、モンサントみたいな海外の企業にあげなきゃならないの？

政府が「世界でいちばん民間企業が活躍しやすい国」をめざしているから。これからは公的な機関にかわって民間企業が種苗の開発などをするとしている。これで、多くの国で種子を売っている企業は、種子を「ひとりじめ」し、「支配する」ことができるようになった。

■自家増殖を禁止する

２０２０年12月には、政府は「種苗法[*31]」を一部変えて、２０２１年4月から変えた法律を実施した。法律を変える前は、種苗法によって品種が登録された「登録品種」も、「自家増殖[*32]」は例外として認められて、「育成者権」をもつ人に利用料などのお金をはらう必要はなかった。ところが法律を変えた後は、農家の「自家増殖」も「育成者権」をもつ人の許可がいるようになった。つまり、「自家増殖」、自分で種をとることが禁じられた。

なぜ、法律を変える必要があったの？

ぶどうの「シャインマスカット」やいちごの「紅ほっぺ」など、日本でつくられた良い品種が海外に流出することが問題になっていたから、これを防ぐためというのが変えた理由。それで、農家が「自家増殖」をするときも許可をとらないといけなくなった。

■34県が種子条例をつくった

日本の種はこれからどうなるんだろう。

日本の大人は、企業に種を売り渡す「いまだけ、カネだけ、自分だけ」の人たちだけじゃない。日本の伝統的な種を守って、将来に引き継ぎたいという人たちもたくさんいる。

２０１７年２月11日に「種子法をやめる法律案」が国会へ出されると決まったとき、『これは危ない」と思った人たちが「日本の種子(たね)を守る有志の会」をつくった。そして、７月３日にはその会が中心になって、全国から集まった約３００人といっしょに「日本の種子(たね)を守る会」をつくった。この会は「国が種を守らないなら地方で守れ」と、種子法に代わる「種子条例」を都道府県でつくってきた。その結果、２０１７年４月には３県だったけど、２０２３年４月１日には34県にまで広がっている。

■「種の銀行」「種の図書館」が広がっている

これまで果物を食べたら、種はポイポイ捨てていたけど、種を捨てるのはもったいないね。みんなが種を捨てないで育てていけば、伝統的な種もたくさん守れるよね。

いま、世界中で種を未来につなげるために、「種の銀行（シードバンク）」や「種の図書館（シードライブラリー）」が広がっている。インドでは、環境活動家のヴァンダナ・シヴァさんが１９９１年に「ナヴダーニャ（９つの種[*33]）」というＮＧＯ団体をつくって、インドの伝統的な種を守って、有機農業をおしすすめてきた。

シヴァさんが経営するナヴダーニャ農場では、６３０品種の米、２００品種の麦、60品種の雑穀・豆・野菜・

香辛料などをその土地で育った種でつくり、できた種をインド各地の農民にただで配ってる。そして、とれた種を返してもらうことで種を守っている。シヴァさんは、大自然の恵みである種が、親から子、子から孫へというようにどこまでも生き続ける自由や、農民が種を保存してまく自由を守ろうと「シード・フリーダム運動」というのも始めている。

オーストラリアには「シード・セーバーズ」という団体があって、農作物の「昔からある種」を保存する「種の銀行」を広げてきている。「再生人」という人たちが自分の庭や畑で「昔からある種」を育てて、1986年から2016年までの30年間で700種の種を保存してきた。いまは44カ国の人たちがその活動をしている。

「種の図書館」って見たことないけど、どこにあるの?

日本ではまだあまり知られていないけど、アメリカの公立図書館から広がって、いまは世界中で約660の「種の図書館」がある。図書館で本を借りるように種を借りて、自分の庭などで種を育て、作物をとった後は種を返すという仕組みなんだ。

5　オーガニック給食から農業を有機にする

■「全国オーガニック給食フォーラム」に4万人が参加した

アユの学校の給食はおいしい?

普通においしい。毎日、給食センターから運ばれてきたものを食べてる。ご飯は週に3~4回、パンが1~2回かな。野菜は「できるだけ市内の野菜を使っている」って給食の時間に放送があった。

給食についていいニュースがある。いま、学校給食をオーガニック(有機)給食にしようとがんばっている大人が全国に増えているから、これから、学校給食がもっと安全でおいしくなるかも。２０２２年10月26日に「全国オーガニック給食フォーラム」が東京中野区で開かれた。会場に１２００人、個人のオンライン参加３０００人、そして全国61カ所のサテライト会場に集まった人たちを含めて参加者は約４万人。オーガニック給食の輪を広げてきた母親たちや市民、有機農業をしている人たち、ＪＡの人、国会議員、農林水産省や文部科学省の人も参加していた。壇上には北海道から沖縄まで、オーガニック給食に取り組む市町村長が50人以上並んだ。みんな男性だったのがちょっと残念だったけどね。

どうしてそんなにいろんな立場の人が集まったの？

学校給食をオーガニック給食にするためには、いまの農業や政治を変えないといけないから。そして、変えるとき、オーガニック給食が「希望の種」になるとみんなが思っていたから。

■いすみ市は有機米１００％の給食だ

フォーラムの実行委員長は千葉県いすみ市の太田洋市長だった。いすみ市は２０１７年秋に、13の小中学校全部の給食を地元産の有機米にしたオーガニック給食のトップランナー。太田市長は「子どもたちは給食で毎日、有機米の『いすみっこ』を食べています。１人１日３杯までお代わりができますが、完食が続いています。オーガニック給食は、子どもたちの命と健康だけでなく、日本の農業の未来に明るい光を灯してくれます」って、あいさつした。

いま、いすみ市はオーガニック給食で注目をあびてるけど、２０１４年に取り組み始めるまで、市内に有機でお米を作る農家は１軒もなかった。

そんな市がどうしてオーガニック給食を実現できたの？

きっかけは、２０１２年に太田市長が「自然と共生する里づくりをめざす」と宣言して、「自然と共生する里づくり連絡協議会」をつくったこと。お米をつくらない田んぼが広がって、土地が荒れていくのを防ぎたかったから、自然を痛めない農業を広めることで、地域の環境がよくなっていくことをねらっていた。それでまず、３人の農家に協力してもらって、有機でお米をつくるところから始めた。最初の年は失敗したけど、２０１４年に約４ｔの有機米がとれた。そのとき、農家の人がそのお米を「学校給食で子どもたちに食べさせたい」と言ったんだ。それで、２０１５年に1カ月間、学校給食のお米を有機米にしたら、子どもたちはもちろん市民からの評判がよかった。農家の人も有機米をつくったら、学校給食で必ず使ってもらえるから、やる気が出る。

お米を有機米にしたらいいことづくしになったんだね。

その後、市民から「もっと学校給食で使う有機米の量を増やしてほしい」という声があがって、市長は「１年間に使う約42ｔのお米を全部、有機米にする」と宣言した。そして、ついに２０１７年秋、50ｔの有機米がとれて「地元有機米１００％の学校給食」が実現した。２０２２年には、有機米をつくる人は25人にまで増えた。農林水産省の調査によると、学校給食で有機食品を使用しているのは２０２１年度で１３７市区町村ある。

■有機農業は大自然の運行にのっとった農業だ

「有機」って、「農薬や化学肥料を使わない」という意味で使っているでしょ。でもわかりにくい。もともとはどんな意味なんだろう？

１９７１年に日本有機農業研究会がつくられた。その会をつくった一楽(いちらく)照雄さんが初めて「有機」という言葉を使ったと言われている。そのころ農薬や化学肥料を使った農業の問題がいろいろ出てきていて、そういう農業ではないものとして有機農業という言葉が使われた。

この研究会をつくる前、一楽さんは「野幌機農学校」（現・酪農学園大学）をつくった黒澤酉蔵さんを訪ねて、「機農学校」の「機」という文字の意味を聞いた。すると、黒澤さんは「『天地、機有り』と漢書にある」「機とは、天地経綸と言うか、大自然の運行のこと。一つの法則が宇宙万物の間にはある」と、答えた。

そこから一楽さんが「有機農業」という言葉を使い始めた。だから、有機農業というのは「大自然の運行にのっとった農業」という意味。有機農業でつくられた「有機農産物」がどんなものかを日本有機農業研究会が１９８８年に発表している。

「有機農産物とは、つくるところから使うところまでの間、化学肥料や農薬などの人工的な化学物質や生物を使った薬、放射性物質等をまったく使わないで、その地域にあるものだけを使って、自然がもともともっているつくる力を大切にする方法でつくられたもの」

■１９７８年から武蔵野市の境南小は「素性のわかる安全給食」を出す

オーガニック給食って、いすみ市が最初なの？

いすみ市の37年前、「有機」という言葉が使われ始めたばかりの１９７８年からオーガニック給食を出していた学校がある。東京都武蔵野市の境南小学校。

どうしてそんなに早くからオーガニック給食が始まったの？

そのころは「オーガニック給食」という呼び方はなくて、「素性のわかる給食」と呼んでいた。境南小に子どもが通っていた保護者の山田征さんが、栄養士の海老原洋子さんと協力して、個人で安全な食材をいろんなところから集めて、毎日、小学校に運んだことで実現したんだ。

山田さんは、埼玉県小川町の有機農家３軒とおつきあいがあって、その人たちの農作業を手伝いながら、農家がつくった野菜を１６０軒でいっしょに買うという「かかしの会」をやっていたから、農家には知り合いが多かった。あるとき、農家の手伝いに山田さんといっしょに行っていた境南小の東条信子先生が、「境南小の子どもたち全員にも、ここでとれるお米や野菜なんか食べさせてやれないかしらね」と言った。それが、「素性のわかる給食」の始まりだった。

まだ「自然食品店」もない時代だったから、ほとんど山田さんの個人的な有機農家の人たちとのつながりから実現した「顔の見える給食」だった。調味料は地元の無添加の、安全な塩・味噌・醤油・油・みりんを集めた。お肉や果物も用意した。山田さんは約17年間、毎日、朝８時半までに１０００食以上の有機の野菜や他の食材を給食室に運び続けたんだ。

境南小はいまもオーガニック給食なの？

いまは、武蔵野市全部の小中学校が境南小と同じレベルのオーガニック給食になっている。

■条例をつくってオーガニック給食を未来も続ける

町長や市長が変わったら、オーガニック給食がなくなるということはない？

時代が変わっても、人が変わっても、オーガニック給食を続けることができるように、食や農についての条例をつくっている自治体もある。

愛媛県今治市は、１９８３年から「できれば有機で、今治産の食材を使った学校給食」を行ってきた自治体だけど、２００６年には「食と農のまちづくり条例」をつくった。

この条例の柱は、３つ。

「市内でつくられた安全な食料を市内で食べる（地産地消）」

「健康的な食生活をすることができる人間を育てる（食育）」

「化学肥料や農薬を使わないで、遺伝子組み換えなどの技術も利用しない農業をする（有機農業）」

学校給食で使う食材についても、「有機農産物を多く使う」「市内産のものを使う」「遺伝子組み換え作物などは使わない」と決められている。

宮崎県綾町は1988年に「自然生態系農業に関する条例」をつくって、「化学肥料や農薬などの合成化学物質を使わない」「本来機能すべき土などの自然生態系をとりもどす」「食の安全と、健康を保つこと、遺伝毒性を取り去る農法をすすめる」「遺伝子組み換え作物はつくらない」と決めている。

そして学校給食はほとんどが「綾町でできた有機野菜」でつくられている。

2016年には、千葉県木更津市が通称「オーガニックなまちづくり条例[*34]」を、2020年には大分県佐伯市が「さいきオーガニック憲章」をつくって、オーガニック給食を続けると言っている。

■韓国では「親環境無償給食」がすすんでいる

他の国の給食はどうなっているんだろう？

お隣の韓国はすごい。「親環境無償給食」が全国で行われている。これは「親環境農水産物[*35]」を使った給食がタダで出されているということ。韓国では憲法に「義務教育はすべて無償（タダ）」と書いているから、学校給食も教育ということで、幼稚園から小中高校までタダなんだ。2006年に変えられた学校給食法で、学校給食は学校でつくって、食材には「親環境農水産物」を使うことが決まった。

給食センターでまとめてつくって、できあがったものを運ぶんじゃなくて、学校ごとに給食室があって、そこでつくるってことか。いいな。

前は日本もそうだった。韓国では２０２２年に全国のすべての幼稚園や小中学校で「親環境無償給食」が始まった。高校はまだ50％みたいだけど、ソウル市だけは２０２１年から小中高１３０２校すべてで親環境無償給食を行っている。日本は２０１８年で、１７４０自治体のうち76自治体だけが小・中学校とも給食費をタダにしている。まだ全体の４・４％。

日本はどうして国として給食をタダにしないの？

やろうと思えばできる。農業経済学者の鈴木宣弘さんによると、全小中学校の給食をタダにする費用は約４８００億円。政府はＦ35という戦闘機を１４７機アメリカから買うのに６・６兆円使っている。だから、そんなお金があれば、全小中学校の給食をタダにするぐらいどうということはない。

■ＥＵでは「公共調達は有機」が常識だ

フランスでは２０００年から、「食を通じて地域を変えよう」と、一部の自治体が先頭に立ってオーガニック給食を広めてきた。そして、２０１８年、通称「エガリム法[*36]」ができて、オーガニック給食が全国的に進んでいる。エガリム法は、給食について、「２０２２年までに、続けることができて、高い品質である食材を50％、そのうち20％は有機食材を使わなければいけない」と決めた。

フランスって昔から有機農業もさかんだよね。

２０２０年現在、フランスで有機農業に取り組んでいる農地は、全体の８・８％。日本は０・６％だから、約15倍もある。

デンマークは２０１１年に「有機アクション・プラン２０１１〜２０２０」を出して、「２０２０年までに学校や病院など公共の食堂で使う農産物の60％を有機農産物にする」という「公共調達[*37]」の目標を示している。

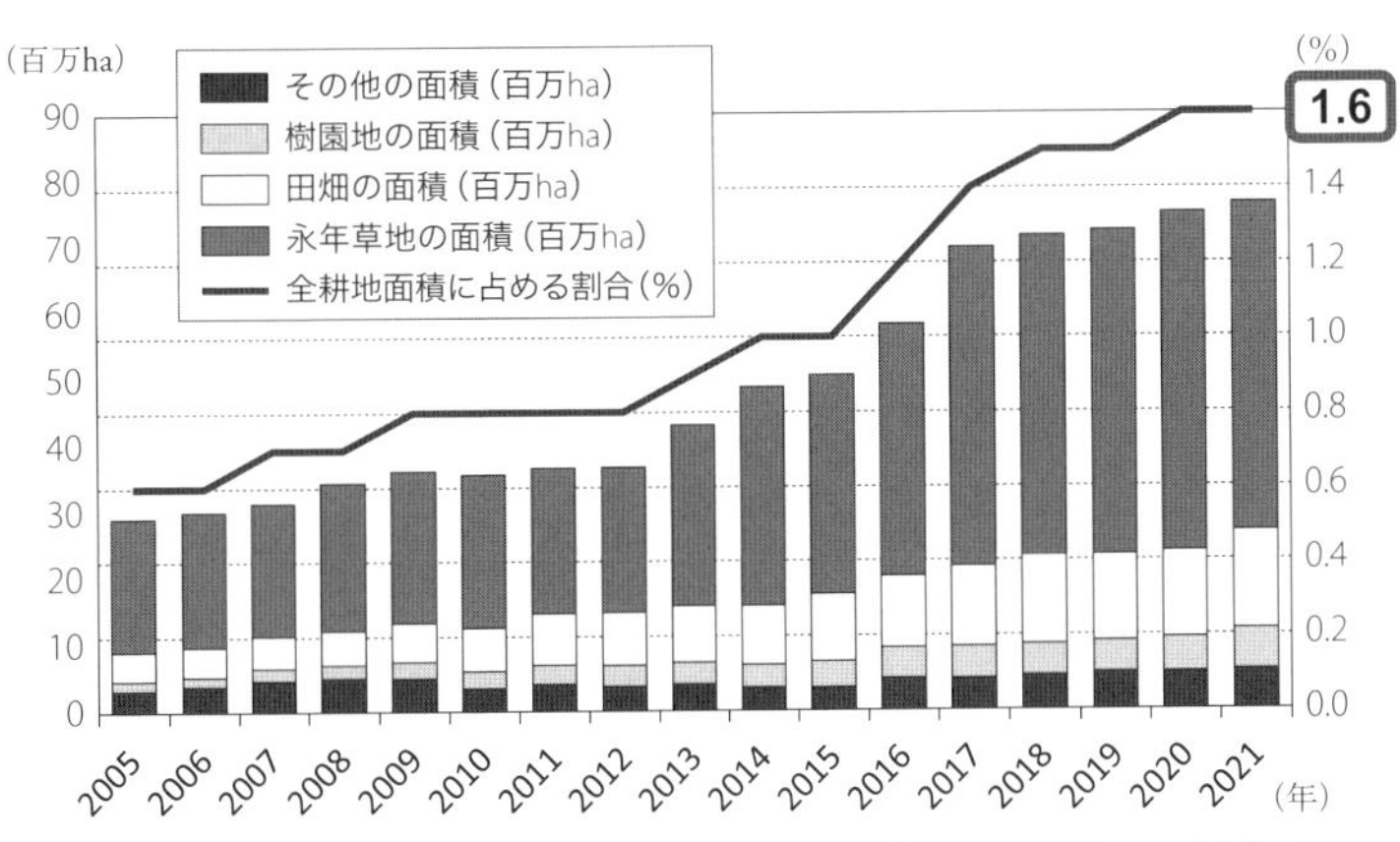

※FiBL&IFOAM, *The World of Organic Agriculture statistics & Emerging trends 2023* を基に、農林水産省農産政策部農業環境対策課作成

出典：農林水産省「有機農業をめぐる事情」令和5年10月

図 3–6　世界の有機農業取組面積及び全耕地面積に占める割合

現在はほぼその目標は実行されていて、「２０３０年までに公共調達の有機食材を90％にする」としている。首都のコペンハーゲンはすでに90％を達成している。お隣のスウェーデンでも、「２０３０年までに公共調達の有機食材を60％にする」としているけれど、２０１８年でほとんどの食材の50％が有機になっている。

同じような計画はフィンランド、クロアチア、ドイツ、イタリア、ラトビア、スロベニアなど多くの国で行われている。フィンランドは世界で初めて給食をタダにした国。「良い学校給食は未来への投資」という考えで、１９４３年に法律でタダにすることを決めた。学校給食にはベジタリアン用やビーガン用のメニューもある。

■世界の有機農地は15年間で2・5倍になった

いま、世界中で有機農業に取り組んでいる農地は増えているの？

面積は過去15年間で約2・5倍に増えて、２０２１年は76・4百万ha。これは全耕地面積の約1・6％にあたる（図3―6）。インドのシッキム州は２００３年に化学肥料と農薬

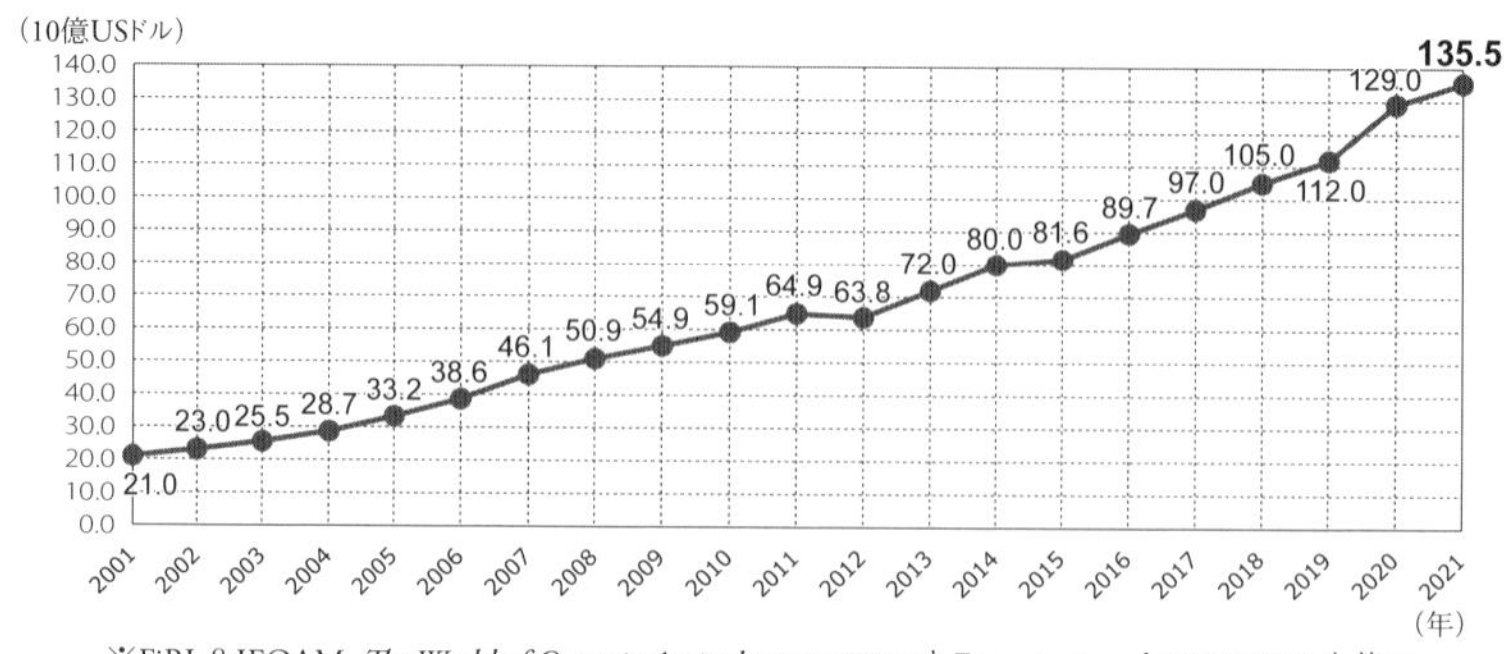

※FiBL&IFOAM, *The World of Organic Agriculture statistics & Emerging trends 2010-2023* を基に、農林水産省農産政策部農業環境対策課作成

出典：農林水産省「有機農業をめぐる事情」令和5年10月

図 3–7　世界の有機食品売上の推移

の使用を禁止して、２０１５年12月末にすべての農地を１００％有機農地に変えて、オーガニック観光旅行を州の大きなビジネスにした。

オーストリアも２０１９年時点で、農地の26％以上が有機農地。オーストリアはヨーロッパの中の有機農業大国で、有機農法で野菜をつくっている農家の数は農家全体の22％以上ある。

オーストリアはどうして有機農業大国になれたの？

１９９０年代に政府が、農薬や化学肥料を使う農法から有機農法へ切り替えるためのお金を農家に出したことや、大手スーパーが自分の会社でつくった有機食品を売り出したことなどから有機農家が増えた。オーストリアが１９９５年にＥＵに入ったとき、他の農業大国のスペインやフランス、ドイツなどと競争したくなかったから、他の国がまだそんなに取り組んでいなかった有機農産物をつくることにした。このことも、有機農家が増えた理由かな。世界の有機食品の売り上げも２０２１年は20年前の約６・５倍に増えている（図３―７）。

■有機農産物は体にたまった農薬を短期間で出す

有機のものを食べたら、どのくらい体にいいかわかっているの？

有機農産物は体にたまった農薬を短い期間で出すことがわかってい

る。

福島県有機農業ネットワークが2018年に、「有機農産物を食べると尿の中のネオニコチノイド系農薬の量がどれくらい低くなるか」について調べたんだ。調べたのは、いつも農薬をまいて育てた農産物を食べている子育て世代の20家族61人。彼らに5日間、有機の米・野菜・味噌などを食べてもらって、食べる前と食べた後で、尿の中のネオニコチノイド系農薬の量を測った。すると、有機食材を食べる前は5・0ppb（1ppbは10億分の1）だったけど、食べた後は2・3ppbと54％減っていた。その後、さらに1カ月間有機の食材を食べ続けた場合は、0・3ppbと94％まで減ることがわかった（図3—8）。

給食を有機給食にした学校では、「アトピーがよくなった」「インフルエンザの欠席が減った」「発達障害の子どもが穏やかになった」「体温が36・5度以上の子どもの割合が増えた」など、たくさん「いいこと」が増えたと、先生たちが言っている。

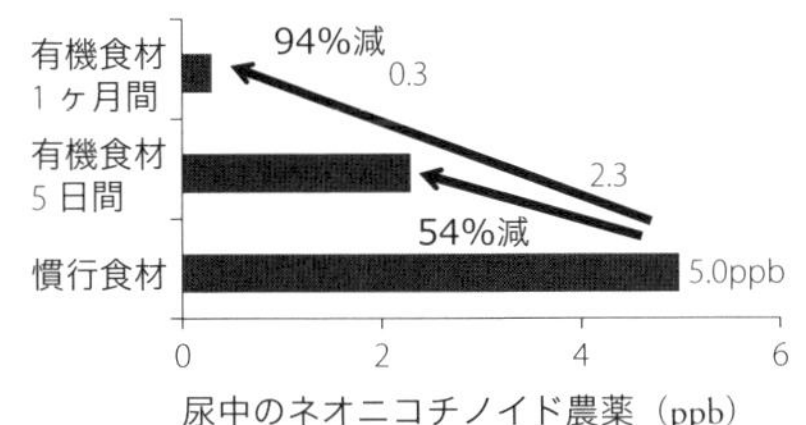

出典：NPO法人福島県有機農業ネットワークの調査（2018年度。「広がるオーガニック給食」『全国オーガニック給食フォーラム資料集』2022年10月26日）

図3–8　有機食材による食事と尿中のネオニコチノイド農薬との関係

■丸かじりできる有機りんごを給食に

この前、丸ごと食べられるりんごあげたでしょ。あのりんごは青森県の福田秀貞さんと泰子（たいこ）さん（写真3—2）が農薬も肥料も使わないでつくっている貴重な有機りんごだよ。普通、りんごはたくさんの農薬をかけてつくるけど、福田さんは2000年から農薬を使わないでEM[*38]を使ったりんご作りをしている。

福田さんは1993年にEMに出合ってから無農薬のりんごづくりに挑戦

写真3–2　福田秀貞さんと泰子さん（撮影：著者）

して、２０００年にやっと成功した。２００９年には有機ＪＡＳ認証[*39]をとっている。りんごの有機ＪＡＳ認証をとっている農家は日本に10人もいない。分けてもらえたのは６月にりんごの余分なつぼみを切り落とす作業を手伝ったそのご褒美。

福田さんは化学物質症やがんの人など、有機のりんごしか体が受けつけない人たちに真っ先に分けてあげてるから、りんごが少ないときはなかなか手に入らない。秀貞さんは80歳、泰子さんは74歳だけど、二人とも元気そのもの。泰子さんは梯子から落ちても怪我をしないほど体がしなやか。

福田さんがつくるような有機のりんごを学校給食で全国の子どもたちが丸かじりできるのは、いつだろう？

そんなに遠くないと思う。国が給食をタダにして、公共調達を１００％有機食品にすれば、有機りんごをつくる農家が増える。そうすれば、全国の子どもたちが丸かじりできるりんごを食べられる日はきっとくる。

■自分の食べるものを自分で少しでもつくろう！

「つくっている人の顔の見える給食」にしたら、その農家が忙しいときには、給食を食べている私たちも手伝いに行く。田んぼの中に入ったり、りんごをちぎったり、サツマイモを植えたり、抜いたりするのは楽しいよ。季節毎に1回ずつでも手伝いがてら遊びに行きたい。

いま、世界の農場数の90％以上を占めて、世界の食料の80％以上をつくっているのは福田さんとこみたいに家族でやっている農業なんだ。だから、いま家族農業が世界的に見直されている。

ルイのおじいちゃんの時代はみんな家族農業で、牛を飼いながらお米や野菜も自分でつくっていた。牛が鋤(すき)を引っ張って田んぼを耕すときは、鋤の上に乗せてもらった。田植えのときには家族みんなで田植えをし、自分のところが終わったら、今度はお隣さんの田んぼというように助けあって田植えをしていた。同じ間隔に赤い球のついた紐(ひも)を田んぼの端から端に張って、その赤い球のところにみんなでイネを1本ずつ手で植えた。疲れたけど、おやつが楽しみだった。10時ごろになると、田んぼの畦にゴザをひいて、みんなで「おこびり」（おやつ）を食べた。サルトリイバラの葉っぱに載せた「ふくらし饅頭」が多かった。漬物はみんながいろんな種類のものを持ってきた。

いまは家族みんなで農業ができる人は少ないけど、一人ひとりができる範囲で、自分の食べものを自分でつくろうとすることが大事。夏にニガウリを日よけ替わりに植えたり、ベランダの植木鉢にシソの種をまくだけでもいい。ルイは1年中「食べられる森」をここにつくりたい。四季を通じていろんな果物がとれれば、それを食べるだけで生きていける。春にはビワやサクランボ、夏にはイチジクやナシ、秋にはクリや柿、冬にはミカン、カボスとか。

注

＊1 **ゲノム** 「全てのＤＮＡ」のこと。ＤＮＡは生物の細胞の核の中にあるデオキシリボ核酸（deoxyribonucleic acid）と呼ばれる物質。ＤＮＡにはすべての遺伝子（生物の性質や特徴を決める重要な部分）があるので、ゲノムを「全ての遺伝子」と呼ぶこともできる。ヒトではゲノムの数は約30億個ある。ゲノム（genome）という言葉は「遺伝子（gene）」と「接尾語"-ome"：すべて（all）を表すギリシャ語」を用いた造語。

＊2 **クリスパー・キャスナイン（CRISPR-Cas9）」** ゲノム編集を行うための遺伝子のセットのこと。目的のＤＮＡを切断するハサミの役割をする人工酵素の「キャスナイン」と、キャスナインを切断する場所まで連れていく案内役のような物質「ガイドＲＮＡ」とを組み合わせたもの。

＊3 **「世界でいちばん企業が活躍しやすい国をめざす」** ２０１３年、当時の安倍晋三首相が第１８３回国会の施政方針演説で言った言葉。現在の岸田政権も同じ方針を引き継いでいる。

＊4 **除草剤** 雑草を取り除くために使う農薬のこと。殺草剤ともいう。

＊5 **臍帯血** 赤ちゃん（胎児）とお母さんをつなぐ臍帯（へそのお）と胎盤（子宮の中にある胎児を育てる円盤形の臓器）に含まれる血液。

＊6 **悪性リンパ腫** リンパ組織に最初にできる悪性のがん。

＊7 **残留基準値** 人が一生涯にわたって毎日食べ続けても健康へ悪い影響がないと思われる１日あたりの許される量。

＊8 **オーガニック食品** 農薬や化学肥料を使わないで育てられた野菜や、添加物を入れていない食料品などをさす。

＊9 **自閉症＋広汎性発達障害（自閉症スペクトラム障害）** 診断名が変わって、「自閉症＋広汎性発達障害」のことを「自閉症スペクトラム障害」というようになった。人と関係をつくったり、コミュニケーションをとったりするのが苦手で、ものや習慣へのこだわりがつよい。

＊10 **通級（通級による指導）** 各教科の授業はいっしょに教室で受けて、障害に応じて特別な指導を通級指導教室で受けるというもの。

＊11 **情緒障害** 情緒（喜んだり、怒ったり、哀しんだり、楽しんだり）の現れ方がかたよっていたり、激しかったりする状態を自分でコントロールすることが難しい。

＊12 **自閉症** 人に対する関心がうすく、言葉の発達がおくれたり、同じ遊びをくりかえしたりする。３歳ごろより前に症状が明らかになる。

＊13 **学習障害（ＬＤ）** 読む・書く・聞く・話すなどがとても苦手。

＊14 **注意欠陥多動性障害（ＡＤＨＤ）** 一つのことに集中できない、じっとしていられないなど。

＊15　**発達障害**　心と体のはたらきがかたよって、日常の生活に困ったことが起こる状態。注意欠陥多動性障害（ＡＤＨＤ）、学習障害（ＬＤ）、自閉症スペクトラム障害（ＡＳＤ）などの障害を全て含めた言い方。

＊16　**有機リン系農薬**　神経ガスなど化学を使った兵器の知識を「平和利用」したもので、昆虫の神経の働きをじゃまして殺す神経に毒のある農薬。グリホサートも有機リン系農薬の一つ。

＊17　**不整脈・頻脈**　不整脈は、脈の打ち方が不規則になること。頻脈は、脈のうちかたが早い状態。ふつう1分間に１００以上をいう。

＊18　**ネオニコチノイド系農薬**　「ニコチン」に似た物質を主な成分とする農薬のこと。主な特徴は、昆虫などの神経の働きをじゃまして殺す「神経毒性」をもつこと。さらに、農薬が植物全体に染みわたる「浸透性」、効果がいつまでも残る「残効性」、水に溶ける「水溶性」という性質もある。

＊19　**農場から食卓まで（Farm to Fork）戦略**　「２０３０年までの生物多様性戦略と農業食料戦略」のこと。

＊20　**市民発議「ミツバチと農民を救え！（Save Bees and Farmers !）」**　市民発議とはＥＵの制度で、市民が「これと決めた」課題に対して１００万筆以上の署名を集めたときに、ＥＵが法的にそれを行わなければならないというもの。市民発議「ミツバチと農民を救え！」が求めているものは、「２０３５年までに化学農薬を全面的に禁止する」「農業地帯の自然生態系を回復する」「小規模で多様かつ持続可能な農業の優先」など。

＊21　**ＲＮＡ農薬**　特定の遺伝子の働きをじゃまするＲＮＡ干渉（ＲＮＡｉ）という方法を使って、害虫を取り除く新しいタイプの農薬。

＊22　**核戦争**　核兵器を使った戦争。

＊23　**論文**　米国ラトガース大学研究チームが２０２２年8月15日、イギリスの科学誌『ネイチャー・フード』に発表したもの。

＊24　**食料自給率**　国内で使われる食料のうち、国内で生産されたものの割合を示すもの。

＊25　**化学肥料の材料**　尿素、リン酸アンモニウム、塩化カリウムなど。

＊26　**鈴木宣弘**　東京大学大学院農学生命科学研究科教授。農業経済学が専門。

＊27　**食の安全保障**　食料安全保障のこと。すべての人が、どのようなときにも、十分で安全かつ栄養ある食料を、物理的、社会的、経済的にも手に入れることができるように保障していくこと。

＊28　**第二次世界大戦**　ファシズム（独裁）体制をとる日本・ドイツ・イタリア3カ国と、アメリカ・イギリス・フランス・ソ連など連合国との間に起こった世界的規模の大戦争。１９３９年9月に始まり、１９４５年8月に日

本が降伏して終わった。

＊29 **林巖**（たかし） 慶応大学名誉教授。『頭脳——才能をひきだす処方箋』（光文社）という本で「米食低能論」を主張した。この本は50万部の大ベストセラーとなって、「米食低能論」が世間に広まった。

＊30 **主要農作物種子法（種子法）** 日本の3つの主な農産物の米、麦、大豆については、それらをつくる農家を守り、国民が十分に食べ続けられるようにすることは、国の責任であるとして、各都道府県に種子を開発し、管理し、広めることを義務づけたもの。1952年にできた。

＊31 **種苗法** すべての農林水産物の種と苗について、良い種や苗を育てた人（育成者）の権利と、農家が自分で種をとる権利を守るために、1947年に「農産種苗法」がつくられた。1978年に「種苗法」と名前が変わる。「育成者」が願いを出し、農水省が認めたものを「登録品種」という。「登録品種」を育てた人には、登録品種の利用（売ったり）を一定の期間、独占できるという「育成者権」がある。

＊32 **自家増殖** 農家が自分の農地でその品種をまたつくるために種をとること。

＊33 **「ナヴダーニャ（9つの種）」** 生物や文化の多様性を守るということを「9つの種」でシンボル的に表している。

＊34 **「オーガニックなまちづくり条例」** 正式名は「木更津市人と自然が調和した持続可能なまちづくりの推進に関する条例」。

＊35 **親環境農水産物** 生物の多様性をふやし、土の中の生物が健康に動き回れるように、農業や漁業の生態系を健康に保つために、合成した農薬、化学肥料、抗生剤や抗菌剤など化学によってつくられたものを使わないか、ほとんど使わない健康な環境でつくられた農産物・水産物・畜産物・林産物（農水産物）のこと。

＊36 **エガリム法** 正式名は「農業・食品業の均等な取引および健康で持続可能な食生活の推進に関する法律」。

＊37 **公共調達** 政府が民間の企業などからモノやサービスを買うこと。

＊38 **EM** EMはEffective Microorganismsの略語で、役に立つ微生物の群れという意味。EMは自然界からとり出して育てた微生物の乳酸菌や酵母などを中心に、複数の役に立つ微生物を共生させた培養液。元琉球大学農学部の比嘉照夫教授が開発した。

＊39 **有機JAS認証** JAS法（農産物資の規格化などについての法律）にもとづく有機食品の認証制度。農林水産大臣が定めた品質の基準などに合格した農産物が認められる。

第4章　感染症と共存できるの？

「感染症と生きる」ための10カ条

❶健康な子どもはマスクをしない。
❷行き過ぎた消毒をしない。
❸ウイルスの遺伝子を体内に入れるワクチンは打たない。
❹日に当たり、土や水に触れる生活をする。
❺適度な運動をし、規則正しい生活をする。
❻農薬や添加物の多い食べ物、遺伝子組み換え食品などは食べない。
❼みそ・しょうゆ・納豆など、腸内細菌を元気にする発酵食品を食べる。
❽よく眠り、よく休息をとる。
❾人と話し、人とふれあい、人と笑いあう生活をする。
❿同調圧力に負けないでやり過ごす。

1　マスクが子どもの酸素と知能を奪う

■マスクが「顔パンツ」になった

新型コロナウイルスが流行ってから、「マスク、マスク」って、2020年から3年以上も「マスクしろ」って学校で言われていたから、もう、ウンザリだったよ。教室に「マスク警察」の子まで現れて、「鼻の上までちゃんとマスクしろ」なんて注意しまくってた。音楽のときもマスクして歌ってたし、給食も2022年までは「話さないで黙って食べなさい」っていう「黙食」だった。

嵐のような3年間だったね。2023年3月13日に「屋内でも屋外でも、マスクの着用は個人の判断に委ねる」ということになったから、学校でも「着用を求めない」ことが基本となった。

いまでも、学校に行くときも帰るときもマスクをしている友達がいるよ。「外しなよ」って言っても、「めんどくさい」って外さない。いつもあごの下にマスクをつけている子もいるし。「人前でマスクを外すのが恥ずかしい」って子もいたよ。マスクが「顔パンツ」になっちゃってた。

コロナ騒ぎ真っ最中のころ、マスクをすると頭が痛くなるから、「マスクを外して授業を受けてもいいか」って先生に聞いたら、「外すなら、別の教室に行ってリモートで授業を受けて」と言われた小学生がいた。また、マスクをしないで高校に行ったら、「マスクをしないと授業を受けさせることができない」と学校から言われて、「こんな学校で勉強したくない」って退学した女生徒もいた。子どもより文部科学省や教育委員会の方を向いている学校が多かったから、マスクを「したくない」子や「できない」子にとっては地獄の3年間だった。

■マスクの予防効果は限定的だ

マスクでほんとうに新型コロナが防げるの？

「新型コロナウイルスに対するマスクの効果を調べた研究[*1]」によると、新型コロナウイルスにかかった大人の割合は、「マスクをつけたグループ」で1・8％、「マスクをつけないグループ」で2・1％。マスクの予防率は15～20％程度だった。

新型コロナウイルスって、マスクの穴と比較にならないほど小さいんでしょ。

新型コロナウイルスの大きさは約0・1㎛（マイクロメートル。1㎛は1㎜の1000分の1の長さ）。それに対して、不織布のマスクの穴は約5㎛で、新型コロナウイルスの50倍。だから、マスクをしていても新型コロナウイルスはマスクの穴を通り抜ける。それに、子どもたちがかかったとしても重症化することはほとんどないから、マスクの強要は必要なかった。

それより、マスクをすると新鮮な空気が入ってこないから酸素が不足する。さらに、吐く息がマスクでさえぎられるから、吐いた息をまた吸い込むことになって二酸化炭素を多く含んだ空気を吸うことになる。だから、そっちの方が問題。

■子どもの脳から酸素を奪うのは「犯罪」だ！

世界で初めて「子どものマスク着用の影響について」調べた研究[*2]があって、「子どもたちのマスクの着用生活が始まってからの心身の変化」について、2020年12月18日に発表している。

マスク着用による子どもたちの障害を報告したのは約7割の親で、いちばん多かったのが「いらいら」（60％）。続いて「頭痛」（53％）「集中力の低下」（50％）「幸福感の低下」（49％）「学校・幼稚園に行きたがらない」（44％）

「倦怠感（だるい）」（42％）「学習障害」（38％）「眠気または疲労」（37％）などだった。

この症状、よくわかる。ほんとにみんなイライラしていた。

ドイツの神経科医マーガレット・グリーズ・ブリッソンさんも、子どものマスク着用は危ないと強く言っている。「子どもにとってマスクは絶対によくない。現在のように、子どもたちの酸素を制限するだけでも絶対に犯罪的だ。マスクは子どもの脳から酸素を奪う。若者たちの脳はいつも酸素を必要としている。酸素が不足すると、脳内の神経細胞が正しく分裂できない。仮に数カ月後にマスクを外せるようになったとしても、失われた神経細胞はもう取り戻せない。脳が受けた傷は元に戻すことができない」。

■赤ちゃんがサル真似できない

大人も子どももみんなマスクで、マスクの下の表情がわからなかったけど、赤ちゃんへの影響はなかったのかな？

幼い子ほど影響は大きかった。赤ちゃんは目の前の人間が、笑ったり、怒ったり、悲しんだりしているのを見て喜怒哀楽の表情を「区別」できるようになる。そして、目の前の人の「サル真似」をすることで、その人の心を「理解」するようになるから、もう、大変なことになっているみたい。

アメリカ・ブラウン大学の研究[*3]によると、パンデミック（世界的な大流行）の間に生まれた生後3カ月から3歳までの子どもたちの「知能、コミュニケーション能力、認知能力」は、パンデミック前の10年間に同じ年齢だった子どもたちに比べて、22ポイント劣ることがわかった。アメリカのフロリダ州では、「パンデミックが発生する前、言語療法クリニックでは患者の5％だけが乳幼児だった。ところがいまでは20％に急増している。小児科医や親からの乳幼児の患者紹介が364％増えた」という報道[*4]もある。親たちは、子どもたちの状態を

「COVID（新型コロナウイルス）遅延（遅れて長引くこと）」って呼んでいる。

■消毒しすぎると腸内細菌叢が育たない

どの教室の入口にもアルコール消毒液が置かれて、教室に入るたびに手を消毒するように言われたけど、あんなに消毒する必要はあったの？　消毒用アルコールのニオイも手につけるのもだめで、ずっと学校を休んだ化学物質症の友だちもいたよ。

手を洗いすぎたり、消毒液を使いすぎたりすると、手のバリア（保護する膜）が壊れて手が荒れるだけじゃなくて、悪い菌がつきやすくなって免疫力がおちる。消毒のしすぎは、新型コロナウイルスを殺すだけじゃなくて、腸の中にいる腸内細菌にもわるい影響を与える可能性がある。ヒトの腸の中には約1000種類、100兆個もの腸内細菌がすんでいると言われていて、消化を助けたり、ビタミン類や乳酸などの栄養素をつくったり、免疫機能を整える働きをしてくれている。

腸内細菌の集団全体を「腸内細菌叢」（腸内フローラ）というけど、その人の健康の土台になる腸内細菌叢は3歳から5歳くらいまでにつくられる。人は生まれるときにお母さんの細菌叢をそっくりそのまま引き継ぐ。その後、いろんな食べものを体にとり入れたり、モノに触れたり、口でなめたりすることで、いろんな種類の菌が体の中にすみついていくんだ。

小さな子がモノをべたべた触ったり、なめたりすることはすごく大事なんだね。だけど、いつも手やモノを消毒していると、いろんな菌が体の中に入ってこないよ。

腸内細菌叢は「幸せホルモン」と言われるセロトニンもつくり出している。セロトニンは神経伝達物質[*5]だけど、その90%は脳ではなくて腸にある。腸内細菌叢がちゃんと育たないとセロトニンもうまくつくり出せないから「幸せでない状態」になってしまう。だから、消毒をしすぎることは、腸内細菌叢が発達する幼児にとってはとてもわるい。

2 新型コロナウイルスは起源が不明だ

■感染症名は「COVID―19」、ウイルス名は「SARS―COV―2」

新型コロナウイルスって「COVID―19」[*6]とも言われるけど、どういう意味？

「2019年に登場したコロナウイルスによる感染症」[*7]という意味で、ウイルス名が「SARS―COV―2」[*8]。

「コロナ」のもともとの意味はギリシャ語の「王冠」。ウイルスを電子顕微鏡で見ると、「球の形」で、表面に先が丸くなった「小さな突起」がいっぱいあることがわかった。この突起が王冠のように見えたから「コロナウイルス」と名づけられた。このいっぱいある突起は「スパイクタンパク質」と呼ばれている（写真4―1、図4―1）。

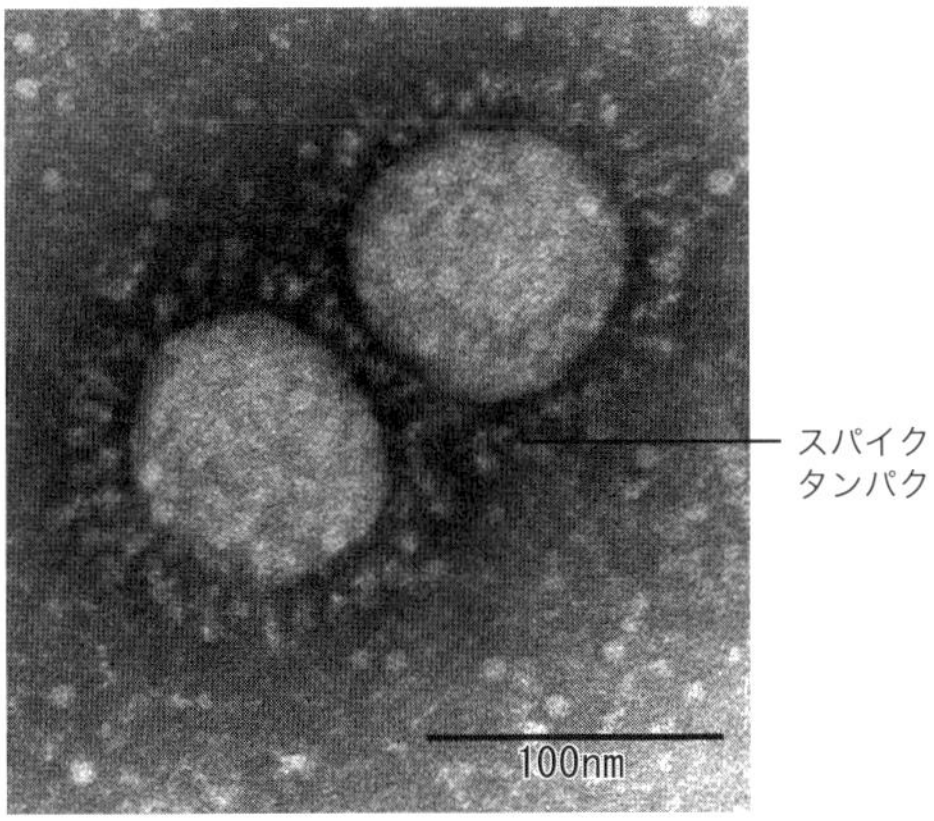

新型コロナウイルスはどんなふうに細胞の中に入っていくの？

ヒトの細胞の表面にある受容体タンパク質にスパイクタンパク質がくっつく。ふたつは「カギ」と「カギ穴」のような関係で、ピタッとはまるとウイルスが細胞の中に入っていく。だけど、子

写真4–1　新型コロナウイルス粒子（変異株）の電子顕微鏡画像（出典：国立感染症研究所ホームページ）

エンベロープ
（二重の膜）
スパイク
タンパク
膜タンパク
エンベロープ
タンパク

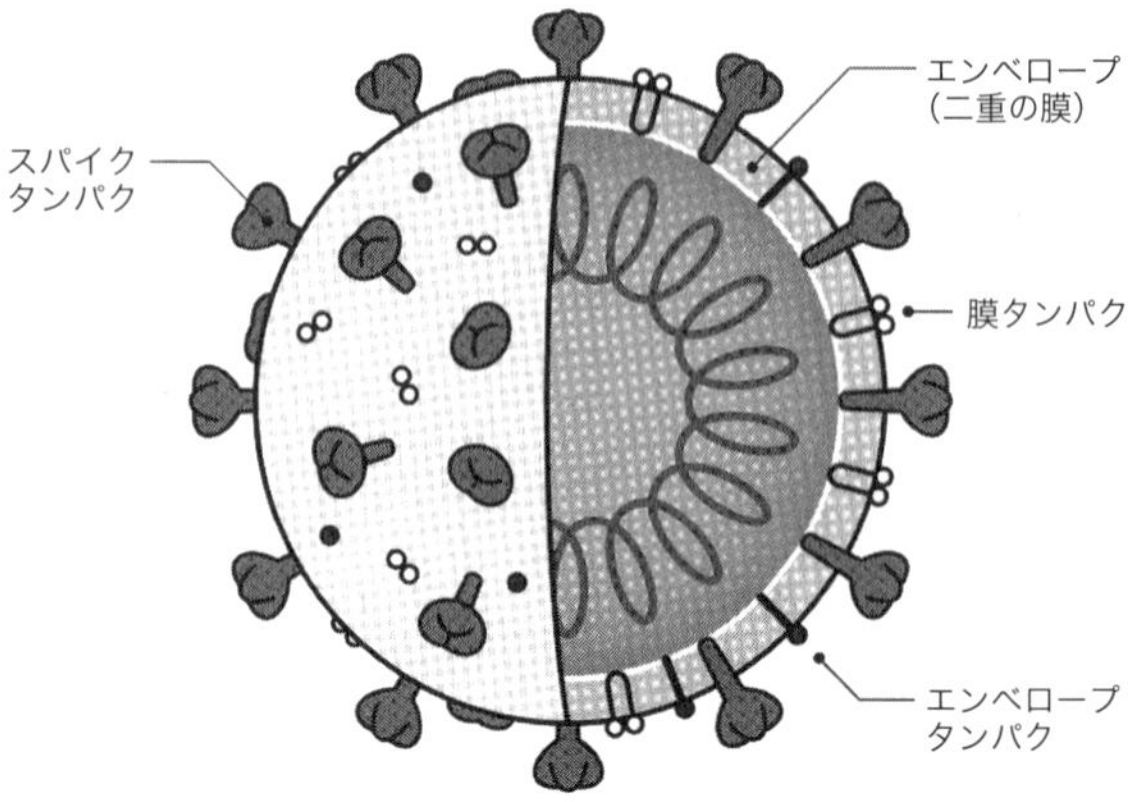

出典：アメリカ疾病管理予防センター（CDC）の構造CGより
（近藤誠『こわいほどよくわかる――新型コロナとワクチンのひみつ』ビジネス社、2021年）

図4–1　新型コロナウイルスの構造

どもはこの受容体タンパク質が少ないから、新型コロナにかかる危険性はとても低い。

■起源はコウモリか人工物かわからない

　新型コロナウイルスの始まりは、コウモリに寄生していたウイルスと言われているけど、ほんとうにコウモリから人間にうつったの？

いろんな説があるみたい。「コウモリから直接、人間にうつった」「コウモリから別の動物にうつって、動物の間で広がるうちに変化したウイルスが人間にもうつった」「コウモリに寄生していたウイルスを研究して保管していた武漢ウイルス研究所（中国・武漢市）から、そのウイルスが流出して人にうつった」「人工的に作られたウイルスではないか」とか。
大村智博士[*9]は、「新型コロナウイルスは人工的に作られたのではないかと思われるフシがいっぱいある」（雑誌『致知』２０２０年12月号）と言っている。なぜなら、「新型コロナウイルスの遺伝子は遺伝子配列の４カ所がエイズウイルス（ＨＩＶ）と同じ」で、「エイズウイルスの発見者リュック・モンタニエ博士は、『遺伝子配列の４カ所がエイズウイルスと同じというのはどう考えても不自然だ』とはっきり指摘しています」と。

■約130年前から変異をくり返している

今回、パンデミックを引き起こしたコロナウイルスは「新型」と言われているでしょ。「新型」があるということは「旧型」があるってことだよね。「旧型」はいつから地球上にいるんだろう。

いまから約130年前の1889年にロシアで発生し、100万人が亡くなったと言われる「ロシアかぜ」。それが元祖コロナウイルスによるかぜだと言われている。コロナウイルスによるパンデミックは、2002〜2003年に中国で発生したSARS（重症急性呼吸器症候群）、2015年から中東や韓国で流行したMERS（中東呼吸器症候群）、そして、今回の新型コロナウイルスと4回起きた。コロナウイルスは130年以上、姿を少しずつ変えながら人類といっしょに生きてきたんだ。だから、旧型コロナウイルスの遺伝子は新型と約50％も似ている。

今回のパンデミックでは、ヨーロッパやアメリカよりも日本を含めた東アジアや東南アジアの方が死亡率が低かった。それは、新型コロナが流行る前に似たタイプのコロナウイルスがアジアで流行っていて、その免疫が新型コロナにも効いていたからだという説もある。

■PCR検査「陽性者」＝「感染者」ではない

ＰＣＲ検査[*10]って正確なの？

ＰＣＲ検査では、1個のウイルス遺伝子を「倍」にする操作を1回することを「1サイクル」と呼んでいて、2倍、2倍で増えていくので、30サイクルでは約10億倍、40サイクルでは約1兆倍になる。日本では40〜45サイクルで検査している。45サイクルは約35兆倍。検査のサイクルは国によって違い、台湾は36サイクル、スウェーデンは36〜38サイクル、アメリカは37〜サイクル。

陽性と判断したときのサイクル数を「Ct値」と言うんだけど、感染する力のあるウイルスを探し出すのはCt値が26くらいまで。Ct値を45にすると遺伝子のかけら1個からでも「陽性判定」になる可能性が高い。PCR検査を発明したキャリー・マリス博士は、「PCR検査は遺伝子の切れ端を探し出すためのものであり、その病気にかかっているかどうかを決めるために使ってはならない」という遺言を残している。厚生労働省の官僚も「PCR検査陽性者イコール感染者ではない」（2020年12月2日の国会答弁）と言っている。

新聞やテレビ・ラジオは毎日「国内の新型コロナウイルス感染者」の数を知らせていたけど、これは「PCR検査で陽性だった人」の数だよね。PCR検査で陽性だった人イコール感染した人ではないから、マスコミが知らせていた感染者数より、ほんとうに感染した人の数はかなり少なかったということだね。

■厳密な死因を問わず、みんな「コロナ死」にした

新型コロナウイルスによる「死亡者」の数は正確なの？

これもまた怪しい。厚生労働省が通達（お知らせ）[*11]を出している。

「新型コロナウイルス感染症の陽性者であって、入院中や療養中に亡くなった方については、厳密な死因を問わず、『死亡者数』として全数を公表するようお願いいたします」

がんで入院していて、その後、PCR検査で陽性だとわかった人が亡くなったときには、がんで亡くなったのではなく、新型コロナで亡くなったことにしなさいということ？

たとえば年をとって老衰で亡くなっても、死んだ後のPCR検査で陽性と判断されたら、新型コロナウイルスで亡くなったことになる。糖尿病の人がインフルエンザにかかって糖尿病が悪くなって亡くなった場合、死

因は糖尿病だけど、新型コロナウイルスにかかって糖尿病が悪くなって亡くなった場合には、死因は新型コロナウイルスになる。

■死者数は総死者数の1％だ

テレビで新型コロナウイルスの感染者数と死者数ばかりが発表されてたけど、他の病気の死者数が発表されないから、それが多いのか、少ないのか、比べられなかった。

新型コロナウイルスの数字ばっかりだったから、テレビを見るたびに他の病気の死者数が気になった。

２０２０年の1年間で、国内で亡くなった人の数は約１３７万人。いちばん多いのが「がん」で37・8万人。次が「心疾患」20・5万人、「肺炎」7・8万人、「誤嚥性肺炎」4・2万人、「自殺」2万人。それに対して、新型コロナにかかって亡くなった人の数は２０２２年4月12日までの2年2カ月間の累計で2・8万人。この死者数は、「死因を問われない新型コロナウイルス陽性者の死者数」だから、ほんとうに新型コロナウイルスにかかって亡くなった人の数はもっと少ないはず。約2年で2・8万人だから1年平均にすると1・4万人。これは２０２０年の1年間に亡くなった人の1％に過ぎない。毎年、インフルエンザが原因で亡くなる人は1万人から4万人いるから、それに比べたら多くはない。緊急事態宣言を出したり、学校を臨時休校にしたりする必要があった数字とはとても思えない。

3　人類が初めて接種する遺伝子ワクチンだ

■ウイルスの遺伝子を体に入れる

新型コロナウイルスにかからないようにと、世界中の人にワクチンが打たれたけど、このワクチンはいままでのワクチンと何が違うの？

いままでは「生ワクチン」[*12]や「不活性ワクチン」[*13]が多かった。二つともウイルスそのものを材料としてつくられたもの。新型コロナのワクチンはウイルスそのものではなくて、ウイルスの遺伝子（カラダの設計図みたいなもの）を使ったワクチンで「遺伝子ワクチン」と呼ばれている。日本で使われたファイザー社とモデルナ社のワクチンは「mRNA（メッセンジャーRNA）ワクチン」[*14]というもの。これは、ウイルスのスパイクタンパク質をつくるための遺伝子を人工的に複製して、それを注射で体の中に入れて、私たちの体でスパイクタンパク質を大量につくらせるというもの。このスパイクタンパク質に私たちの免疫系（抵抗する力）が反応して、スパイクタンパク質にくっつく抗体（抵抗するもの）をつくる、ということらしい。

つまり、スパイクタンパク質もその抗体も自分の体でつくるというわけ?!　だけど、注射でスパイクタンパク質をつくるための遺伝子が入れられたら、その遺伝子がずっと私たちの体の中でスパイクタンパク質をつくり続けない？

なにしろ、人類が初めて接種[*15]する遺伝子ワクチンだから、10年、20年と時間がたってみないとどんなことが起こるかわからない。スパイクタンパク質そのものが血栓（血の固まり）をつくる「スパイク毒」だという説もある。さらに、ワクチンの開発には最低5年から10年はかかると言われているけど、今回のワクチンは1年もしないで開発されている。だから、長い目で見たときの安全性はまったく調べられていない。先の大村智博士も「1年以内のワクチン開発などありえない」と言っている。

■ファイザー社製ワクチンには副作用が1291種類ある

日本では2021年2月17日からファイザー社製のワクチンが打たれ始めたけど、このワクチンに副作用はないの？

ファイザー社がワクチンを認めてもらうために出した5万5000ページのワクチンの情報が載った文書を、アメリカの食品医薬品局（FDA）が2022年3月1日に公開して1291種類の副作用があることが明らかになった。その中で、38ページにわたってファイザー社製ワクチンの副作用が報告されていた。腎臓障害、血管障害性神経障害、急性弛緩性脊髄炎、脳幹塞栓症、自己免疫疾患、出血性脳炎、呼吸停止、帯状疱疹など。医師がみても理解できないようなものもたくさんある。

2020年12月にアメリカやイギリスで接種が始まってから2021年2月28日までの3カ月間に、世界各国でファイザー社のワクチンを接種した人は4万2086人。このうち、死んだ人が1223人（死亡率2・9％）もいたことがわかった。非営利団体[16]が、ワクチンを緊急に使うことを許したFDAに対して、ファイザー社製ワクチンの治験[17]データを公開するようにテキサス州北部地区連邦地方裁判所に訴えて、勝ったからだよ。

すごい情報だね。だけど、こんな重大な情報が日本ではほとんど知らされなかった。もし、テレビとかで流していたら、ワクチンを打つ人はいなくなったんじゃないかな。

■国より製薬会社の方が立場が上だ

副作用が1291もあるワクチンを打ったら、具合の悪くなる人がいっぱい出そう。そんな人たちがファイザー社を訴えないかな。

訴えられたときには、ファイザー社ではなくワクチンを買った国が賠償金を払ったりすることになっている。2020年夏ごろ、世界中の国がワクチンを欲しがって奪いあいになったとき、少しでも早くワクチンが欲しい国は、製薬会社に都合のいい要求を聞かないとワクチンが買えなかった。いろんな国がファイザー社とどんな契約をかわしたのかはわかっていなかったけど、2021年10月19日にアメリカの消費者団体「PUBLIC CITIZEN（公的市民）」が、9カ国[*18]とファイザー社との契約を調べてその内容を公表した。

どんな契約内容だったの？

9カ国とも契約書の内容はほとんど同じ。まず、「ワクチンは緊急事態への必要から緊急に開発されたもので、長期の影響や効果はわかっていない。予想もできない副作用が起こることがあるが、それらが起こったときは、ワクチンを買った国の責任となる」。ちなみに、ファイザー社製ワクチンの治験が終わったのは2023年5月だよ。

次に、「ワクチンを接種したことで、償いを含む何らかの問題が出てきたときには、ワクチンを買った国がすべての費用を負担する」。つまり、税金で払うということ。そして、「ファイザー社がワクチンを約束した期限までに納めることができなかったとしても、買う約束をした国はどんなことがあっても注文をキャンセルできない」。つまり、ワクチンを買う約束をした国は、いらなくなっても約束をしたワクチン分は買い取らなければいけない。さらに、「ワクチンを打ったことで危険なことが起きたら、そのことは10年間から30年間、秘密にしておかなければならない」。

こんな不平等な契約書ってあるんだ?! 完全に国より製薬会社のほうが立場が上だね。日本もこんな契約をファイザー社と交わしているの?

日本との契約書は公開されてないけど、9カ国のものと同じとみていい。

■「ワクチン後遺症」に注意して

日本でも、ワクチンを打った後に亡くなった人は多いよね。そんな人は、国から補償してもらえるの?

ワクチンの接種と接種した後の死亡は、「因果関係があるかどうかわからない」ということで、ほとんどの場合、償われない。2021年2月17日から2023年7月28日までで、接種した後に亡くなった人は12歳以上で2076人いた。そのうち、ワクチンの副作用について調べる厚生労働省の専門家部会で、「ワクチンとの因果関係が否定できない」とされたのはたった2人だけ。

「ワクチンを接種したから死んだ」ということを認めたのなら、すぐ接種は止めてほしい。

日本はワクチン接種を止めるどころか7回目も行っている。海外では2〜3回で止めている国が多いのに。だから、ワクチン接種による被害は広がるばかり。2023年7月28日時点で、接種した後に副作用があったという人は3万6457人。そのうち、病気が重い人は8638人もいる。

全国有志医師の会[*19]によると、新型コロナワクチンが打たれるようになってから、免疫力が下がって帯状疱疹[*20]や皮膚の病気になる人が子どもから大人まで増えてるんだって。ワクチンの後遺症[*21]も、「歩行困難」「つらいだるさ」「息切れ」「関節痛」など重いものから軽いものまでたくさんあるし、接種して数カ月から1年以上たってから出てくるものもある。全国有志医師の会は注意を呼びかけている。

4　ウイズコロナ時代を生き抜く

■油断をしない、恐れない

新型コロナウイルスはおさまったけど、また、新しいウイルスが出てくるかもしれない。そんなとき、いちばん大事なことって何だろう？

ウイルスと上手につきあっていくことかな。大切なことは「油断をしない」「恐れない」ということ。そのためには、相手を「知る」ことが大事だよね。たとえば、新型コロナウイルスがどういうものか知らないと不安になるし、テレビで流される情報だけを信じるしかなくなる。「本当かな」と疑ってみることも大事だよね。日本だけじゃなく、他の国のことも調べるとか。

鳥が空から下を眺めるように、いろんな方面からの情報を集めて総合的に考えることが大事だと思う。「危険だ、危険だ」と騒ぎ立てる声に惑わされたらだめ。「怖い、怖い」と必要以上に不安になってストレスをため込むのも、よくない。そして、情報は自分から取りに行かないと得られないということも頭に入れといて。

■腸内細菌を元気にする生活をする

これから、どんな感染症がやってきても自分の免疫力が高かったら大丈夫だよね。

小児科医でウイルス学が専門の本間真二郎[*22]さんは、感染症にかからないようにするには「外側の軸」と「内側の軸」があると言っている。「外側の軸」は、自分の外からくるウイルスを防ごうとすること。手洗い、マスク、消毒、ソーシャルディスタンス、ロックダウンなど。「内側の軸」は、自分の免疫力や抵抗力を上げることで、ウイルスに立ち向かう力を高めようとすること。本間さんは「外側の軸」より「内側の軸」の方がとても大事だと言っている。

内側の軸を強くするには、腸の中にいる細菌を元気にする生活をすること。腸内細菌を元気にすれば、免疫力や抵抗力、毒を消したり出したりする力も上がる。和食を中心にして、味噌、醤油、ぬか漬け、納豆などの発酵食品や、野菜や豆など食物繊維の多いものをよく噛(か)んで食べていれば、腸内細菌は元気になる。そして、外に出て日に当たったり、土や水に触れたり、深呼吸したり、体を適度に動かしたり、「自然のリズムに沿った生活」をすることが基本。

■同調圧力に巻き込まれずやり過ごす

コロナ騒ぎが収まって、やっとワクチンを打たなくても外国に自由に行けるようになったけど、パンデミックのときは、ワクチンを打たないと外国に行けなかったり、日本に帰って来れなかったりで、「ワクチンパスポート」が問題になったよね。


日本でも保育士さんやお客さんと接する仕事の人がワクチンを打たないと仕事をさせてもらえなかったり、大きな問題になった。そもそも、ワクチンを打つか打たないかは個人の自由。今回の新型コロナワクチンはできるだけ打つようにと言われたけど、これは「努力義務」で義務ではない。だから、職場で上の人から打つように強く言われたりしたときには、とにかく、相談できるところに相談すること。

日本は「みんなと同じようにしないと許さない」という同調圧力が強いから、泣く泣く打った人が多かったかもしれない。２０２３年４月７日時点で、ワクチンを３回接種した人は日本全体で約７割、65歳以上では９割以上。２０２２年２月から５歳以上11歳以下の子どもに、同年10月からは生後６カ月以上４歳以下の子どもにも接種が始まっているから、問題だ。

周りの人がみんなワクチンを打つとき、自分だけ「打たない」を選ぶと、いじめられたり、いやがらせをされたりしそう。

戦争中、日本では「非国民」とか「村八分」とかという言葉が流行(はや)った。みんなと同じようにしないと「国民じゃない」といじめたり、仲間はずれにしたりした。同調圧力や「いじめ」「いやがらせ」のない社会が理想だけど、そんな社会はあんまりないから、とにかく、パンデミックの渦の中にいるときは、渦に飲まれないように用心して、渦が鎮まるのを待ちながらやり過ごすことも必要だね。

注

＊1 **「新型コロナウイルスに対するマスクの効果を調べた研究」** デンマーク・コペンハーゲン大学病院が、２０２０年４月から5月にかけて、大人６０２４人を調べたもの。

＊2 **「子どものマスク着用の影響について」調べた研究** ドイツのヴィッテン・ヘァデッケ大学の科学者たちによる研究。２０２０年10月26日までに報告された、ドイツ全土の0歳から18歳までの2万５９３０人の子どもと若者に関するデータ(親からの報告による統計)を調べたもの。マスクをつけていた平均的な時間は1日あたり２７０分だった。

＊3 **アメリカ・ブラウン大学の研究** 「新型コロナウイルスのパンデミック（世界的な大流行）が幼児の認知発達に与える影響」について評価した研究。２０２１年に発表。

＊4 **報道** ２０２１年11月9日に放送されたアメリカのＷＰＢＦニュース。

＊5 **神経伝達物質** 脳の中にある神経細胞のニューロンというところでつくられる化学物質で、神経細胞の興奮や抑制を他の神経細胞に伝えるはたらきをするもの。

＊6 **ＣＯＶＩＤ―19** 感染症の名前。「ＣＯ」は「corona（コロナ）」の頭文字、「ＶＩ」は「virus（ウイルス）」の頭文字、「Ｄ」は「disease（病気）」の頭文字をとったもの。「19」は２０１９年の「19」から。２０１９年に人間

社会に登場したという意味。

＊7　**感染症**　病原微生物が人の体に入り込んで、増えることによって起こる病気。

＊8　**SARS―COV―2**　SARSはSevere Acute Respiratory Syndromeの略。日本名は「重症急性呼吸器症候群」。新型コロナウイルスは、SARSを引き起こすコロナウイルス「SARS―COV」と構造が似ており、その2番手だからという意味で「2」がつけられた。

＊9　**大村智博士**　2015年にノーベル生理学・医学賞を受賞した北里大学特別栄誉教授。寄生虫病などに劇的な効果をもつイベルメクチンを開発した。

＊10　**PCR検査**　PCRはpolymerase chain reaction（ポリメラーゼ連鎖反応）の略。調べたいウイルスの遺伝子の切れ端をPCR法と呼ばれる反応を使って、2倍、4倍、8倍と倍々で増やすことで、探しているウイルスがいるかを判定する方法。

＊11　**厚生労働省の通達**　厚生労働省の新型コロナウイルス感染症対策推進本部が2020年6月18日に、自治体と医療機関に対して出したもの。

＊12　**生ワクチン**　ウイルスなど病原体の病原性を弱めたりなくしたりしたワクチン。感染はするが、病気にはならないもの。麻疹（はしか）や風疹のワクチンがこのタイプ。

＊13　**不活性ワクチン**　ウイルスを処理して感染しないようにして、毒性も取り除いたワクチン。インフルエンザのワクチンがこのタイプ。

＊14　**mRNA（メッセンジャーRNA）ワクチン**　ウイルスの表面にあるスパイクタンパク質をつくるための遺伝子情報を運ぶmRNAを人工的に複製して、筋肉に注射するもの。すると、細胞の中でmRNAが設計図として働き、スパイクタンパク質を大量に生産するというもの。

＊15　**接種**　免疫を得ることを目的として、抗原（抗体をつくらせる原因となるもの）を体内に入れること。

＊16　**非営利団体**　「透明性を求める公衆衛生および医療専門家組織（PHMPT）」。

＊17　**治験**　医薬品（ワクチン）として認めてもらうために、それが人に対して効果があるか安全かなどを調べる試験をして、薬物（ワクチン）の効果を決めること。

＊18　**9カ国**　アルバニア、ブラジル、コロンビア、チリ、ドミニカ共和国、欧州委員会、ペルー、アメリカ、イギリス。

＊19　**全国有志医師の会**　新型コロナワクチンの接種をやめること、ワクチン接種による被害者を救うことをめざす

医師・医療従事者の非営利団体。

＊20　**帯状疱疹**　水痘・帯状疱疹ウイルスの感染によって起こる水疱性皮膚疾患の一種。

＊21　**ワクチンの後遺症**　ワクチンを接種した後から長く続く体調不良。

＊22　**本間真二郎**　栃木県那須烏山市にある七合（ななごう）診療所の所長。

第5章　地球温暖化は防げるの？

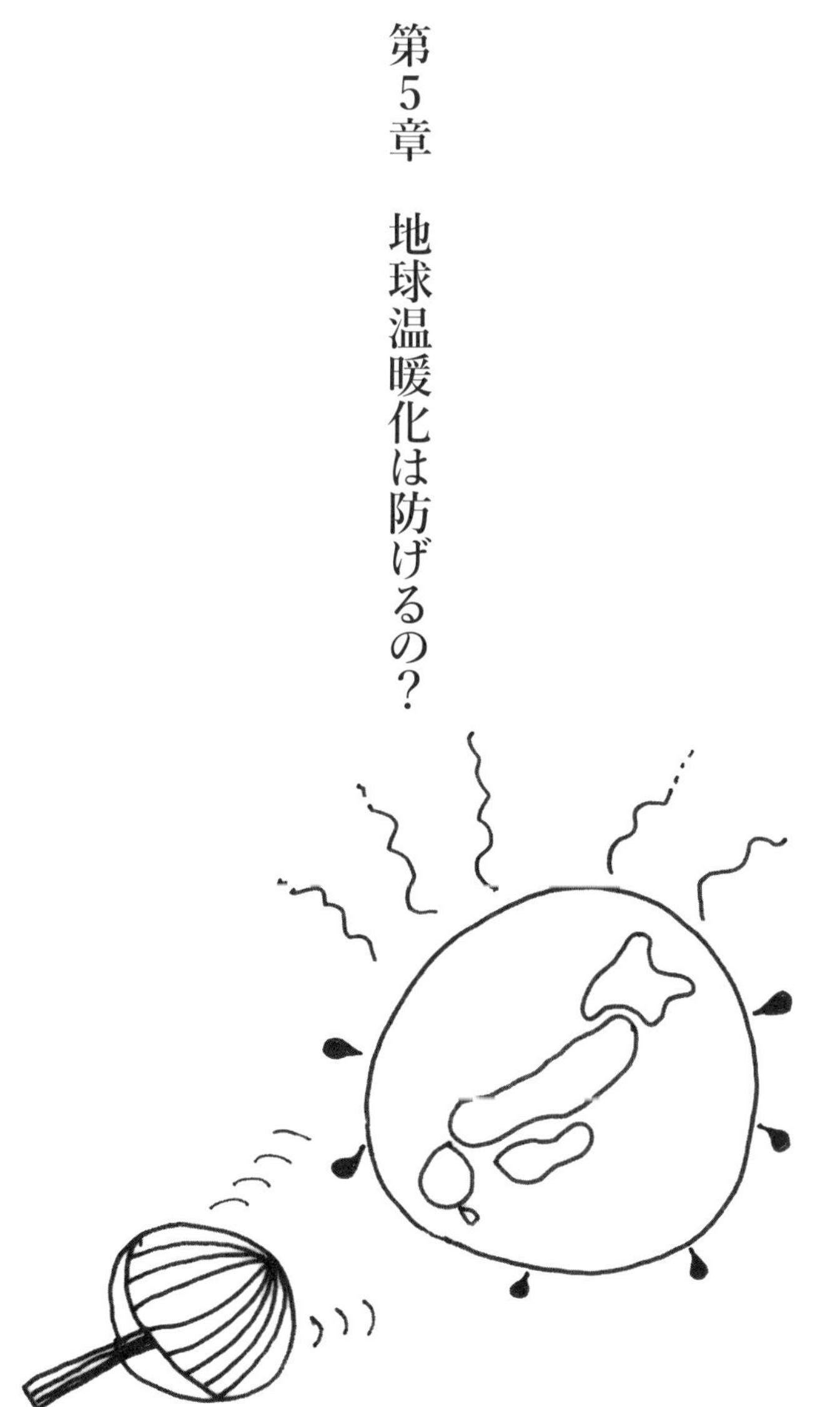

地球を壊してつくるエネルギー（電気）を使わないための10カ条

❶手を洗った後、機械の乾燥器を使わずハンカチで手をふく。
❷夏、クーラーをできるだけ使わない。うちわ、打ち水、水浴びなどを。
❸冬、エアコンを使うよりも、厚着をすることをこころがけ、寝るときは湯たんぽで温まる。
❹お日さまや風、木を利用した暮らし方を工夫する。
❺日の出とともに起き、日没とともに寝る生活をこころがける。
❻野菜や果物はお日さまや風を使って干し、保存する。
❼電動ではなく自分の足でこぐ自転車などに乗る。
❽家電の待機電力を使わない。使わないときはコンセントを抜く。
❾電力をたくさん使う無線より、有線の機器を使う。
❿電気のない生活をときどき体験する。

1　世界中で気象がおかしい

■森林火災が1年続き、国土の3分の1が水に浸る

異常気象で気になったことってある？

　コアラが焼け出されたオーストラリアの森林火災かな。2019年3月から2020年2月まで、ほぼ1年中森が燃えていたんでしょ。火傷したコアラの写真を何度もテレビや新聞で見たよ。

あのときは全コアラの約3分の1が焼け死んだと言われていた。オーストラリアでは毎年のように森林火災が起きてるけど、2019年はものすごい暑さで、雨もいつもの約半分しかなかったから、極端な乾燥が主な原因だと言われている。

　バングラデシュの大洪水で国の3分の1が水に浸ったというニュースにはびっくりした。

2020年5月の大洪水で、550万人以上が被害にあって、105万世帯が水に浸かった。バングラデシュは数百の川が交わるデルタ地帯で、昔から雨季にはいつも浸水がくり返されていたけど、2020年の洪水はここ10年で最大級だった。バングラデシュを流れる川の上流地域で、森林が壊されて農地にされたことが原因で、表土が流れ出して、土地がさらに低くなったことが大きかった。

2020年7月には熊本県の球磨川（くまがわ）や大分県の筑後川が氾濫して、土砂崩れが何カ所でも起こって、九州全体で132万人に避難指示が出された。

■各地で「最低気温」が「過去最高」になった

2021年6月には、アメリカのアリゾナ州フェニックスで最高気温が47・8度、カナダ西部のリットンでは49・6度になった。これはカナダの最高気温の記録を塗り替えた。2022年には5月から9月まで降った大雨で、パキスタンを含む南アジアとその周りの地域で4510人が亡くなった。特にパキスタンは被害が大きくて1730人が亡くなった。2023年8月には、ハワイ・マウイ島で山火事が起き、観光地のラハイナという町で2200以上の建物が燃えた。古くなった送電線が強風で壊れて、火がついたことが原因と言われている。

　日本も2023年の夏は長くて、暑かった。「過去最高」とか「記録更新」という言葉がとびかったね。

各地で、「最低気温」が「過去最高」になって、最高気温が35度を上回る「猛暑日」もこれまでいちばん多かった。40度を超す「酷暑日」という言葉もよく耳にした。

■磯から海藻が消えていく

海の中でも異変が起きている。瀬戸内海にある祝島(いわいしま)で海産物をつくって売っているKさんによると、2010年ごろには、岩場で岩肌も見えないほどびっしりと生えていたヒジキが、いまはポツンポツンとしか生えていない。これまで新春の祝島の磯では、海藻が岩場を埋め尽くして、岩場がむき出しになることはなかった。水の深さや海岸の条件によって棲(す)み分けされたいろんな種類の海藻がきれいに島を取り囲んでいたのに、いまでは、まったく海藻のない砂漠のような海岸もある。

これまでの研究とKさんが海に潜って見てきた様子からすると、第一の原因はムラサキウニが異常に増えて、海藻を食べつくしたから。何かのバランスが崩れて、一部の動植物が急激に減ったり増えたりするという食物連鎖のエラーによるものらしい。

それって、地球温暖化[*1]のせいなの？

ここ10年、海の中の温度が暖かくなっているのを体で感じるとKさんは言う。本来、祝島の周りの海では冬を越せないアイゴという南の方の魚が、祝島付近の「地付き魚」になってるとも。そのアイゴが秋に芽生えたばかりの小さな海藻の芽を食べつくしてしまうから、磯が砂漠化するという説もある。地球上の酸素の3分の2は、海の海藻と植物プランクトンによってつくられていると言うから、海藻が海から消えるのは地球上で生きるすべての生物の一大事。だから、海の中で進んでいる危機に、もっと目を向けてほしいとKさんは訴えている。

2 温暖化を防ぎたい

■二酸化炭素地球温暖化説が主流だ

世界中で起きている山火事や洪水、猛暑、海の砂漠化などは、ほとんどが地球温暖化のせいで、その主な原因は温室効果ガス[*2]の二酸化炭素だって言われているけど、本当なの？

地球温暖化の問題はとっても複雑だけど、世界でいちばん原因だと言われている二酸化炭素地球温暖化説についてて簡単にみてみようか。

地球の温度は、産業革命（1760年代から1830年代までに及んだ）が起きてから、ずっと上がりつづけていて、その主な原因は、人間が石油や石炭、天然ガスなどの化石燃料を燃やしてきたからと言われている。化石燃料

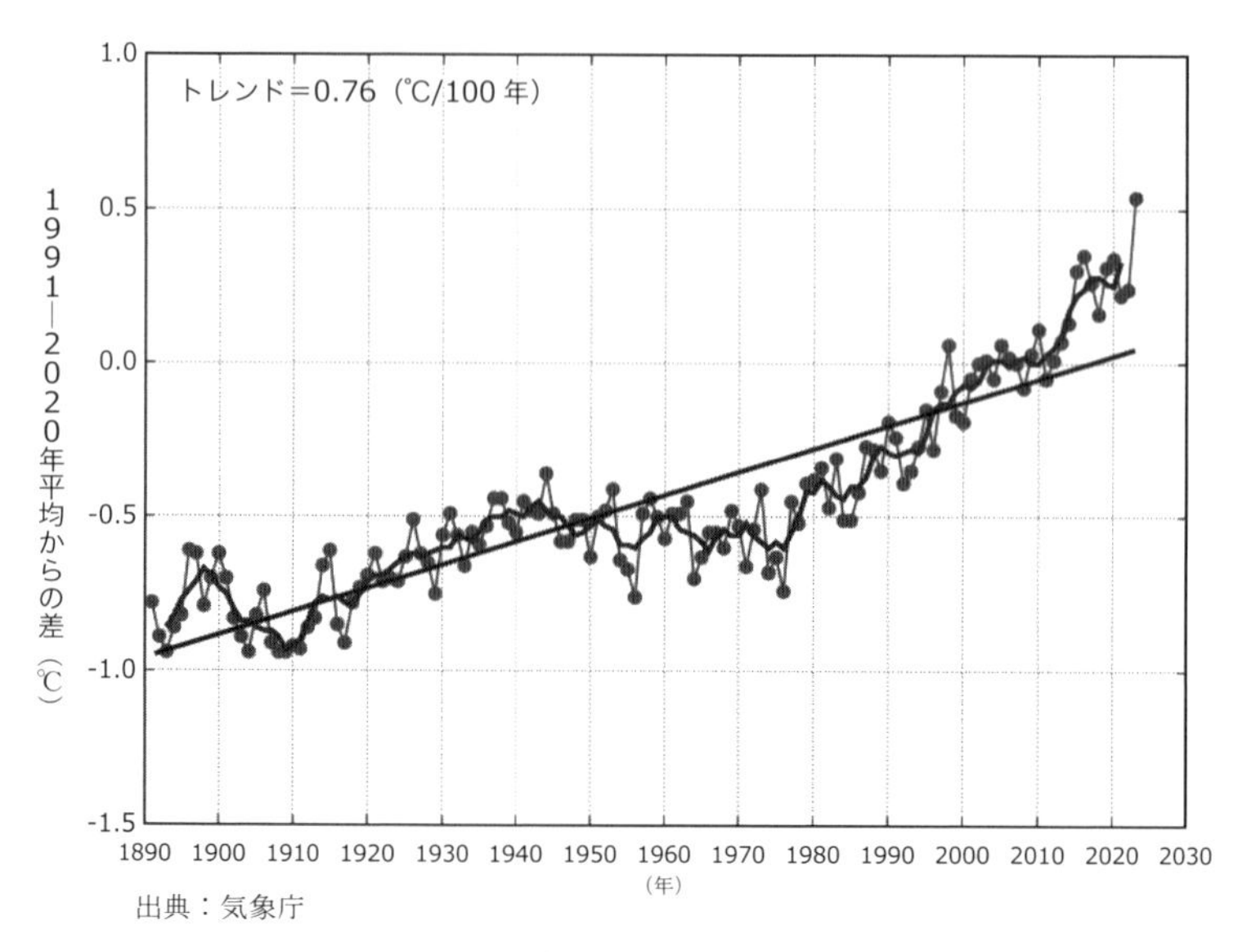

出典：気象庁

図 5–1　世界の平均気温偏差

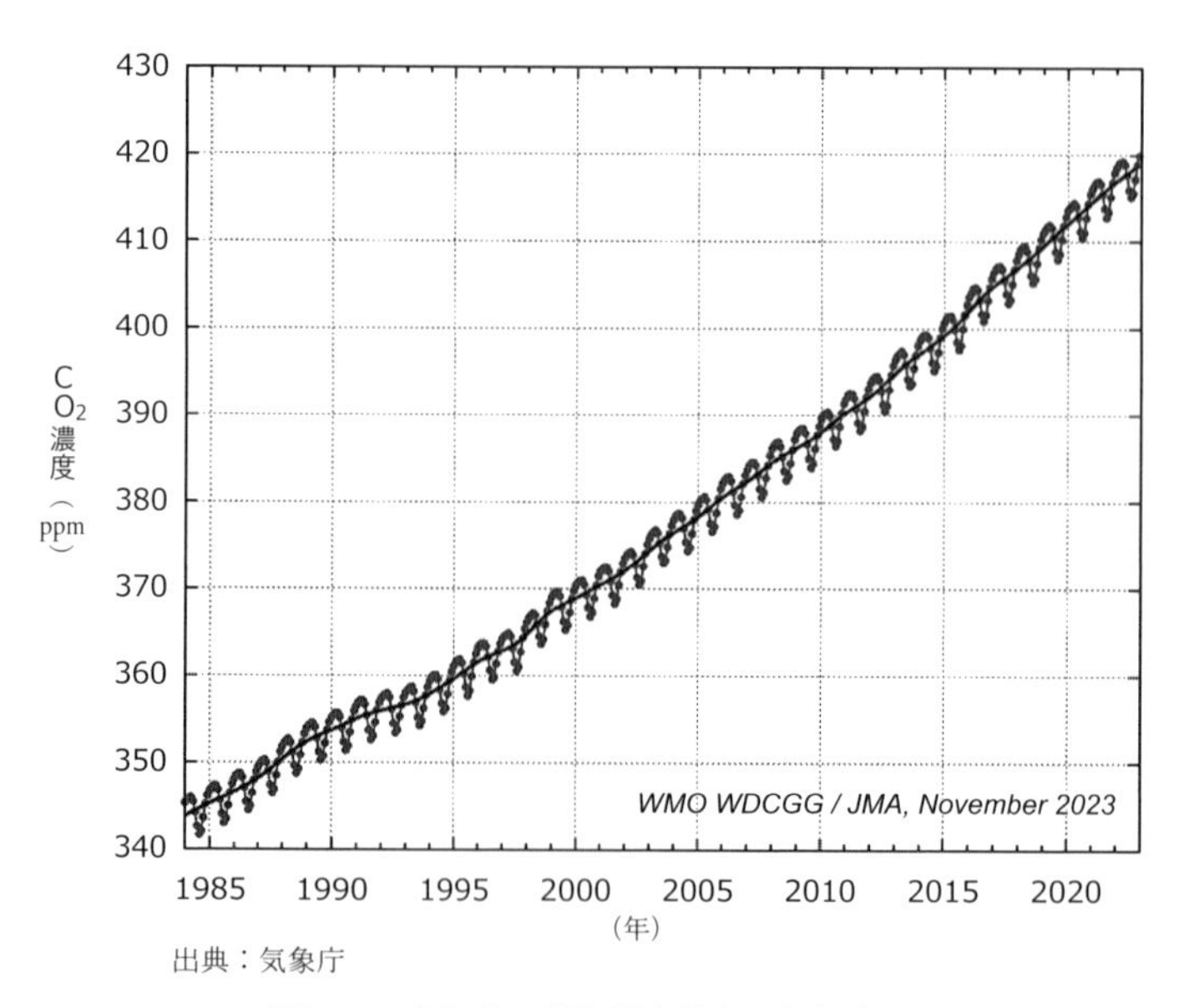

出典：気象庁

図 5–2　大気中二酸化炭素濃度の経年変化

を燃やすと二酸化炭素などの温室効果ガスが出る。温室効果ガスが増えると地球の温度が上がって、急激な気候の変化が引き起こされる。温暖化を防ぐためには、二酸化炭素を出す量を減らして、最後はゼロにしなければならない、というのがおおざっぱな流れ。

気温や二酸化炭素はどれくらい上がっているの？

気象庁によると、世界の年平均気温は100年当たり0・76度の割合で上がっている（図5―1）。大気中の二酸化炭素の世界平均濃度も年々上がっている（図5―2）。2021年の大気中の二酸化炭素の世界平均濃度[*3]は415・7ppm（1ppmは100万分の1）。1750年の工業化以前の平均的な値は約278ppmとされているから、それに比べると49％増えていることがわかる。

■「ホッケー・スティック」が二酸化炭素地球温暖化説の根拠となった

気候変動問題についてとりくんでいる国際的な組織はあるの？

「気候変動に関する政府間パネル（ＩＰＣＣ）[*4]」。ＩＰＣＣの報告書は、世界中の政治を行う人たちに使われているほか、マスコミやＮＰＯもこの報告書の情報を使うことが多い。特に「二酸化炭素が増えたから地球の温度が上がった」という温暖化説のよりどころになってきたのが、ＩＰＣＣ第3次評価報告書（2001年1月）に載ったグラフ。木の年輪をもとにした1000年から2000年までの気温の変化を表したグラフだけど、その形がホッケーのスティック（棒）に似ているから、「ホッケー・スティック」と呼ばれている（図5―3）。

このグラフを見ると、気温は1000年から緩やかに下がってきたけど、1900年ごろから突然、急に上がっている。だから1900年ごろからの急な温暖化は、人間が産業革命の後から出してきた二酸化炭素の温室効果によるものだという決定的な証拠として、いろんなところで使われてきた。

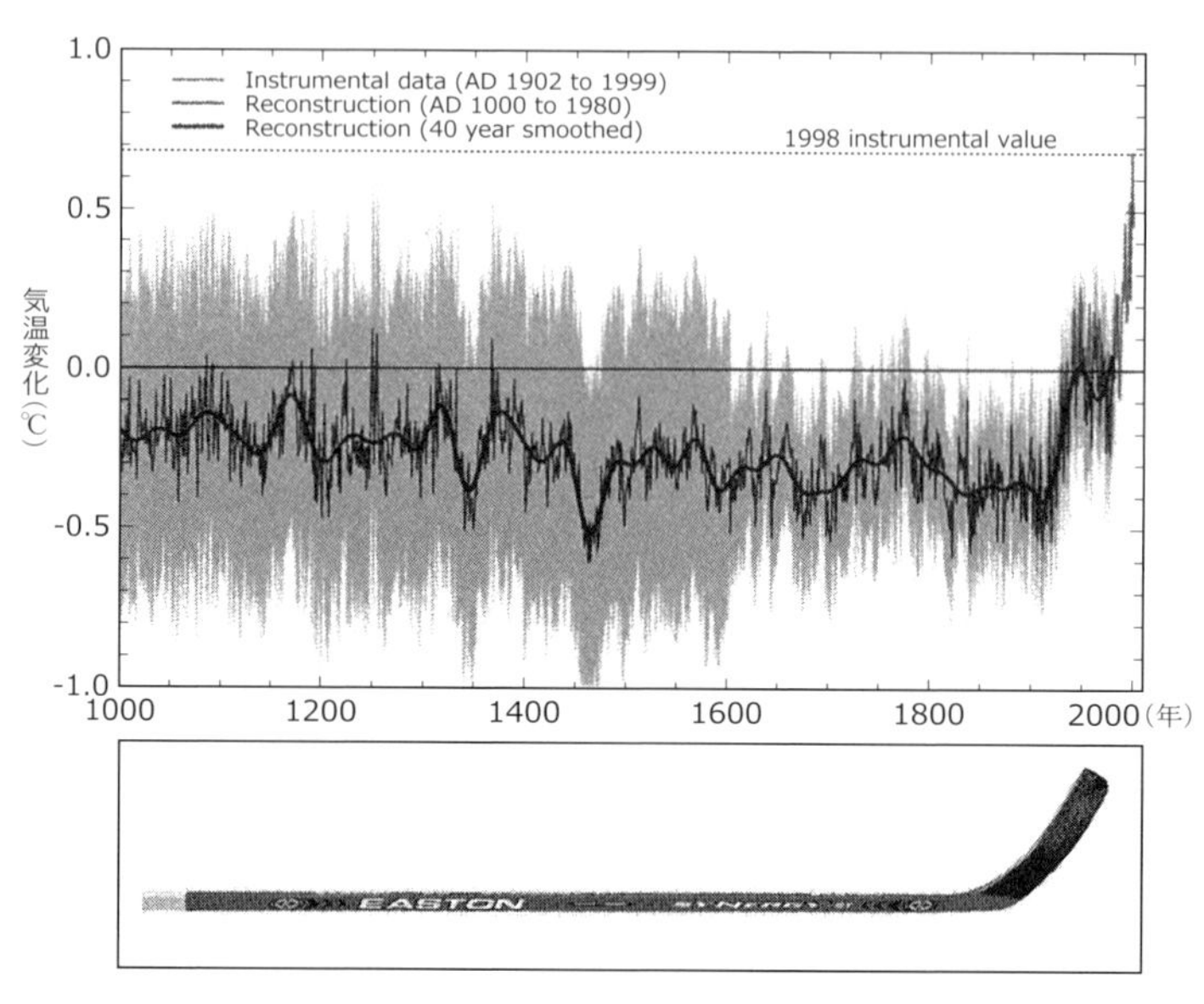

出典：赤祖父俊一『正しく知る地球温暖化——誤った地球温暖化論に惑わされないために』誠文堂新光社、2008年

図5–3　「ホッケー・スティック」とよばれる、木の年輪をもとにした、1000年から最近までの気温変化（下はホッケー・スティックの写真）

このＩＰＣＣによると、世界の平均気温は産業革命前に比べて、すでに1・2度上がっているという。

■気温が上がるのを1・5度に食い止める

気候変動について世界で共通の取り決めはあるの？

地球が温暖化すると出てくるさまざまな悪影響を防ぐための国際的な大筋を決めた条約に「国連気候変動枠組条約（ＵＮＦＣＣＣ）」[*5]がある。「大気中の温室効果ガスの濃度を安定化させること」が目的で、どれくらい減らさなければならないかなどは、ほぼ毎年開かれる締約国会議（ＣＯＰ）に任されている。

世界中の国が「守らないといけないこと」は決められているの？

２０２０年より後の国際的な取り決めは「パリ協定」[*6]。これは「京都議定書」[*7]の後を継ぐもので、歴史上はじめて加盟する１９７の国と地域の全てが「減らす目標と行動をもって参加すること」を規則にしたもの。世界共通の長期的な目標として、「地球の平均気温が産業革命の前に比べて2度より上がらないようにすること」「1・5度に抑える努力をすること」が示されている。

ＩＰＣＣは２０１８年に特別報告書『1・5度の地球温暖化』[*8]を出して、産業革命前と比べて地球の温度が2度上がる場合と、1・5度にとどまる場合を比べて、1・5度に抑えることで多くの気候変動の影響が避けられることを強調している。そして、1・5度に抑えるためには、世界中で二酸化炭素を出す量を２０３０年までに、２０１０年に比べて約45%減らして、２０５０年ごろには「正味ゼロ」にする必要がある、としている。

■日本は「２０３０年46%減、２０５０年ゼロ」をめざす

地球の気温が産業革命前の気温から1・5度上がると、どんなことが起こるの？

ＩＰＣＣの２０２１年の報告書[*9]に「1・5度上がったとき」と「2度上がったとき」の予測が載っている。それによると、「産業革命前に10年に1度の割合で発生した熱波」は、1・5度上がると4・1倍、2度上がると5・6倍になる。「旱魃（かんばつ）」は、1・5度上がると2・0倍、2度上がると2・4倍。そして、「豪雨」は1・5度上がると1・5倍、2度上がると1・7倍に増えると予想されている。この報告書は、「人間活動の影響が空・海・陸を温暖化させている」として、何の対策もしないと、２１００年に気温は産業革命前に比べて最大5・7度上がると予測している。

日本は二酸化炭素をどれくらい減らそうとしているんだろう。

政府は２０２０年に「２０５０年までに全体としてゼロにして、２０５０年に脱炭素社会の実現をめざす」

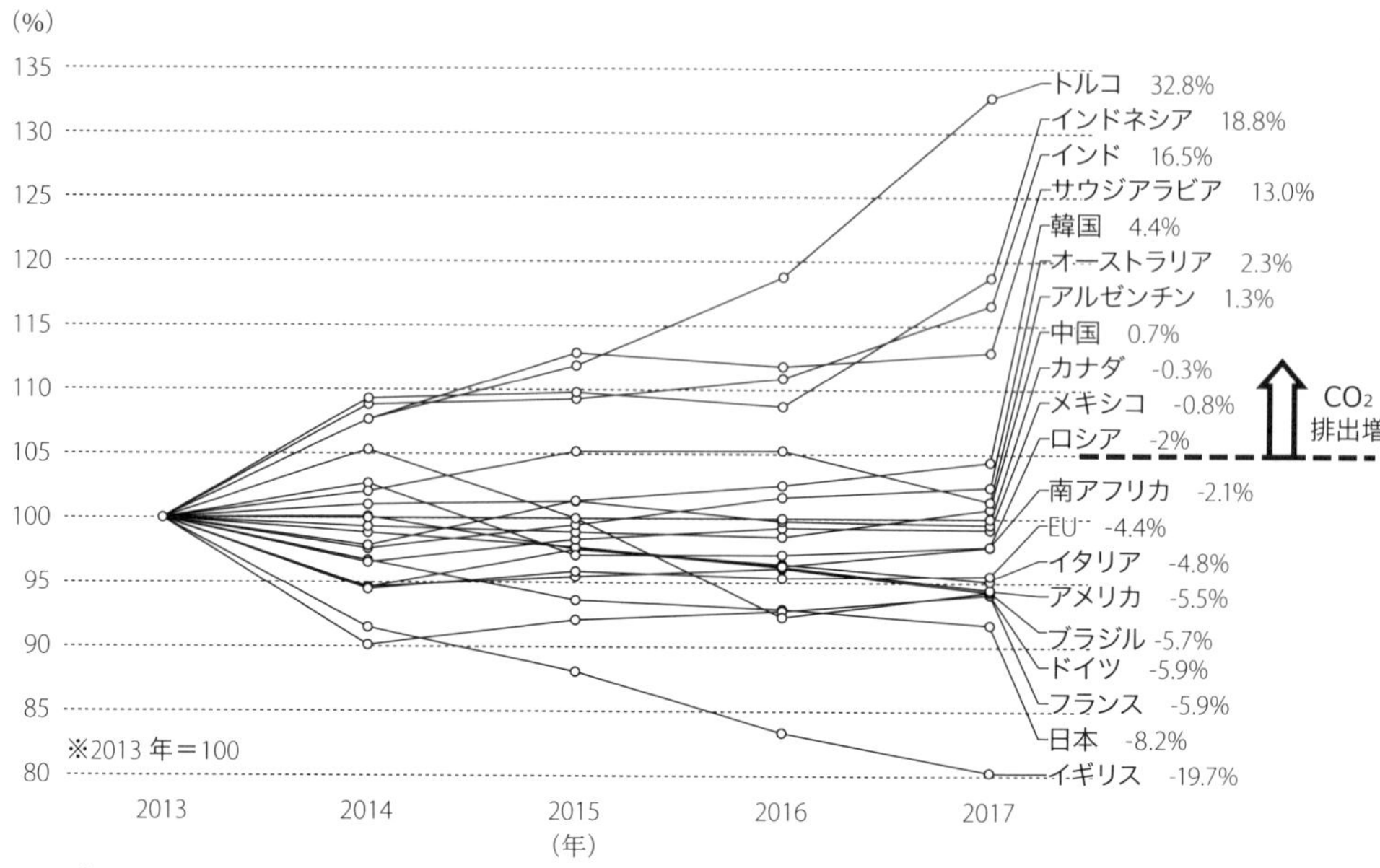

出典：IEA "CO_2 Emissions from Fuel Combustion" 2019 edition をもとに経済産業省作成

図 5–4　G20 各国の二酸化炭素（エネルギー起源由来）排出量の推移

としている。そして、2021年には、「2030年は2013年に比べて46％減らすことをめざし、さらに50％減らすように挑戦をつづける」としている。2017年の段階で、2013年に比べて8・2％減らしているけど（図5―4）、2030年に46％減らすのは簡単じゃなさそう。世界中でみれば、まだまだ二酸化炭素を出している国も多いから、2050年に世界中でゼロにするというのは難しそう。

3　若者たちは抗議している

■グレタさんは学校ストライキを一人で始めた

気候変動と言ったら、有名なのがスウェーデンのグレタ・トゥーンベリさんだよね。『グレタ　ひとりぼっちの挑戦』[*10]ってドキュメンタリー映画を2人で見たよね。

15歳のグレタさんがストックホルムにある国会

議事堂の前で、学校を休んでストライキを始めたのは2018年8月20日。気候変動に対する政府の無関心に抗議するためだった。いまはSNSの時代だから、グレタさんのストライキは1日目からマスコミの注目を集めて、2日目からは座り込みも一人ではなくなった。気候変動問題でいちやく名前が知られるようになったグレタさんは、その後、いろんな国際会議に招待されるようになって、2019年1月22日・23日には、世界の政治・経済のリーダーが参加する「世界経済フォーラム」（ダボス会議）でもスピーチをしている。

「私たちの家が燃えています。私はこのことを言うためにここへ来ました。あなたたちには、パニックになってもらいたいのです。私が毎日感じている恐怖を味わってもらいたい。それから、行動を起こしてもらいたい。危機のさなかにいるような行動をとってください。あなたの家が燃えているときのような行動をとってください。実際、そうなのですから」

彼女の考えに共感した若者たちの行動は、「Fridays For Future（未来のための金曜日）」（FFF）と呼ばれて、日本でも2019年2月からFFFの活動が始まっている。2019年9月20日から27日にかけては、国連気候行動サミット[*11]に向けて、世界185カ国で約400万人が参加した世界的な気候ストライキが行われた。いま、グレタさんは環境活動家として「気候正義」（Climate Justice）[*12]という運動に世界中の若者たちとりくんでいる。

■どうやって直すのかわからないものを、壊しつづけるのはもうやめて

グレタさんのストライキの26年前、彼女と同じように「未来に生きる子どもたちのためにこれ以上地球を壊すな」と、世界中のリーダーたちの前でスピーチした少女がいたんだよ。

地球の危機を訴えるのは、いつも少女だね。誰なの？

当時12歳のカナダ人のセヴァン・カリス＝スズキさん。彼女は1992年6月11日に「リオ伝説のスピーチ」

と呼ばれる6分間のスピーチを「環境と開発に関する国連会議[*13]」で行った。

「私がここに立って話をしているのは、未来に生きる子どもたちのためです。世界中の飢えに苦しむ子どもたちのためです。そして、もう行くところもなく、死に絶えようとしている無数の動物たちのためです。（中略）オゾン層にあいた穴をどうやってふさぐのか、あなたは知らないでしょう。死んだ川にどうやってサケを呼びもどすのか、あなたは知らないでしょう。絶滅した動物をどうやって生きかえらせるのか、あなたは知らないでしょう。そして、今や砂漠となってしまった場所にどうやって森をよみがえらせるのか、あなたは知らないでしょう。どうやって直すのかわからないものを、壊しつづけるのはもうやめてください」

セヴァンさんは1997年から「地球憲章（Earth Charter）[*14]」をつくる作業に地球憲章委員会のメンバーとして加わった後、大学や大学院で進化生物学や民族植物学を学び、環境・文化活動家として活動していた。カナダの先住民族ハイダ族の男性と結婚して二人の男の子の母親になってからは、ハイダ・グワイ（クィーン・シャルロット諸島）に住んで、夫といっしょに伝統文化を受け継いで伝えるための活動や、環境をよくするための活動をしている。

4 温暖化は二酸化炭素だけが原因か？

■温暖化の6分の5は「小氷河期」からの回復だ

温暖化の原因って、ほんとに二酸化炭素だけなのかな？　二酸化炭素ってそんなに悪者なの？
二酸化炭素があるから植物は光合成ができて生きられるんでしょ。その植物が生きられるから動物も生きられる。二酸化炭素は地球で生きる生命にとって必要なものだよね。

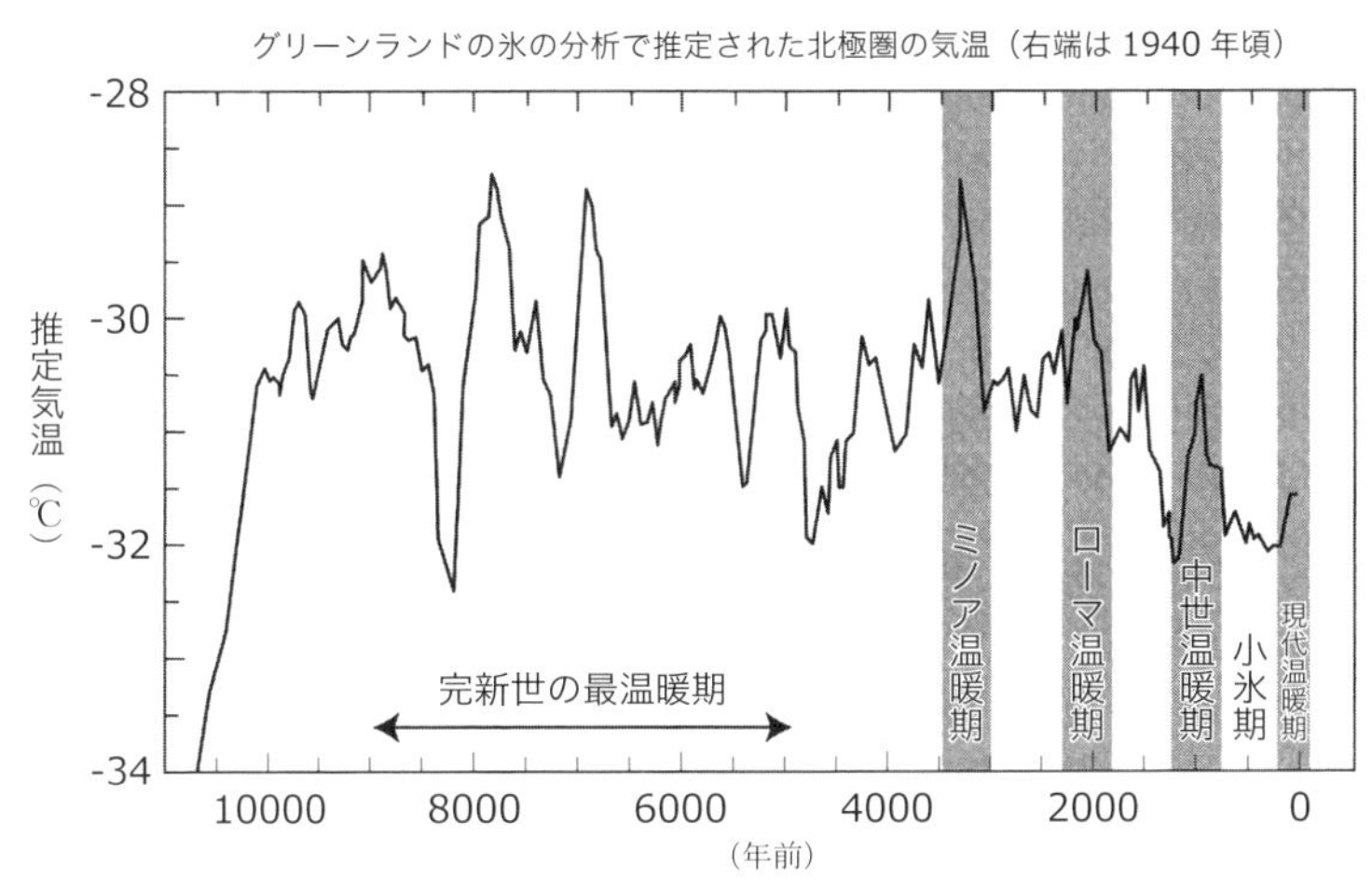

出典：渡辺正『「地球温暖化」狂騒曲——社会を壊す空騒ぎ』丸善出版、2018年

図5–5　小氷期が終わるまで約1万1000年間の気温推移（指定値）

温暖化の原因は山ほどあるみたい。その一つが「小氷河（小氷）期からの回復説」。赤祖父（あかそふ）俊一さんが[*15]『正しく知る地球温暖化』（誠文堂新光社）の中で書いているのは、「いま進んでいる温暖化の約六分の五は、地球が自然に変化する動きによるもので、『小氷河期』という比較的寒かった期間（1400～1800年）から地球が回復中のため（図5—5）。寒い期間から回復するということは、当然、温かくなるということ（温暖化）。人類が活動することで出す二酸化炭素の温室効果は約6分の1である可能性が高い」ということ。

小氷河期が終わってだんだん温かくなり始めたのは1800年ごろだから、人類の出す二酸化炭素が増えた1900年代よりも100年前から地球の温暖化が始まっていることになる。

■水蒸気も太陽もヒートアイランドの熱も影響を与える

二酸化炭素が温暖化の大きな原因ではないとしたら、他に原因として考えられるのは何だろう？

水蒸気と言う人もいる。水蒸気は場所によっても季節によっても変わるから言いきれないけど、水蒸気が温暖化に与える影響は最大で95%とする説もある。

太陽からも大きな影響を受けてるけど、その影響はとても複雑。まず、地球は太陽の周りを近づいたり、遠ざかったりしながら、約10万年かけて1周する。当然、太陽に近づいたときは地球が温まり、遠ざかったときは冷える。地軸の傾き[*16]や歳差運動[*17]、太陽の活動が活発かそうでないかによっても、地球の気温は左右される。

そのほかにも、火山の噴火や海底火山からのマグマの噴出などなど、地球の気候に影響を与える自然現象は数えきれないほどある。都会の人工的なヒートアイランドの熱も温暖化にとても大きな影響を与えている。コンクリートで地球の表面が固められたら、地球は熱を吸収できない。

■温室効果ガス削減のため牛のゲップに課税する?!

牛のゲップから温室効果ガスのメタンガスが出るから、「牛を減らせ」とか、「牛に税金をかけろ」と言ってる政府があるでしょ。

牛が温室効果ガスをたくさん出しているのは確かみたい。畜産から出る温室効果ガス[*18]は世界全体の14%で、そのうち牛の排出量がもっとも多くて65%。それで、温暖化を防ぐために牛を取り除こうとする国が増えている。「牛のゲップや尿から温室効果ガスを出す農家に税金をかける」というのはニュージーランド政府で、2022年10月に出した課税案だった。政府は2025年までに実行したいらしいけど、酪農家の反対がすごい。

オランダ政府も2019年に、国の代表的な産業の畜産を小さくする方針を出して、家畜の30%を処分することを提案していた。温暖化を防ぐために農家をターゲットにしているのはイギリスも同じ。2022年7月、政府は農家が農地を売れば代わりにお金を払うと発表している。アイルランドやカナダでも同じように「温暖化防止」を理由に、自分の国の農家や農業を潰そうとしている。

■牛のつくる豊かな土が「炭素吸収装置」になる

牛のゲップが悪者にされているけど、悪いのは牛じゃない。牛の飼い方だよね。工場のようなところに牛を大量に閉じ込めた飼い方がまちがっているだけでしょ。

牛たちは狭い場所に詰め込まれて、牧草の代わりにトウモロコシなどを食べさせられている。日本でも、97％までが牛舎の中で飼われている。もともと、牛は草を食べる動物だから、大昔から大地の上を自由に歩き回って草を食み、草の栄養になる糞を大地に落として、草の種を蹄（ひづめ）で土の中に押し込んできた。その結果、土の中に埋め込まれた種たちが芽を出して、草地になった。

「牛と草地」の組み合わせが栄養の多い土をつくり、土の中で植物は豊かな根っこを育て、土の中の微生物たちを元気にしてきた。土の中の微生物の菌根菌は、植物の根っこにくっついて最大数メートルも菌糸を伸ばして、植物が光合成でつくり出した糖類（炭素化合物）をエサとして取り込んできた。だから、菌根菌などの微生物がたくさんいる豊かな土は、すごい量の二酸化炭素を土の中に蓄える「炭素吸収装置」なんだ。

5　自然エネルギーは自然を壊している

■太陽光パネルの設置を義務化した

東京から九州まで新幹線に乗っていると、いたるところに太陽光発電パネル（ソーラーパネル）があるよね（写真5―1）。新幹線に乗るたびに増えてるみたい。屋根の上にソーラーパネルをのせている家も増えている。

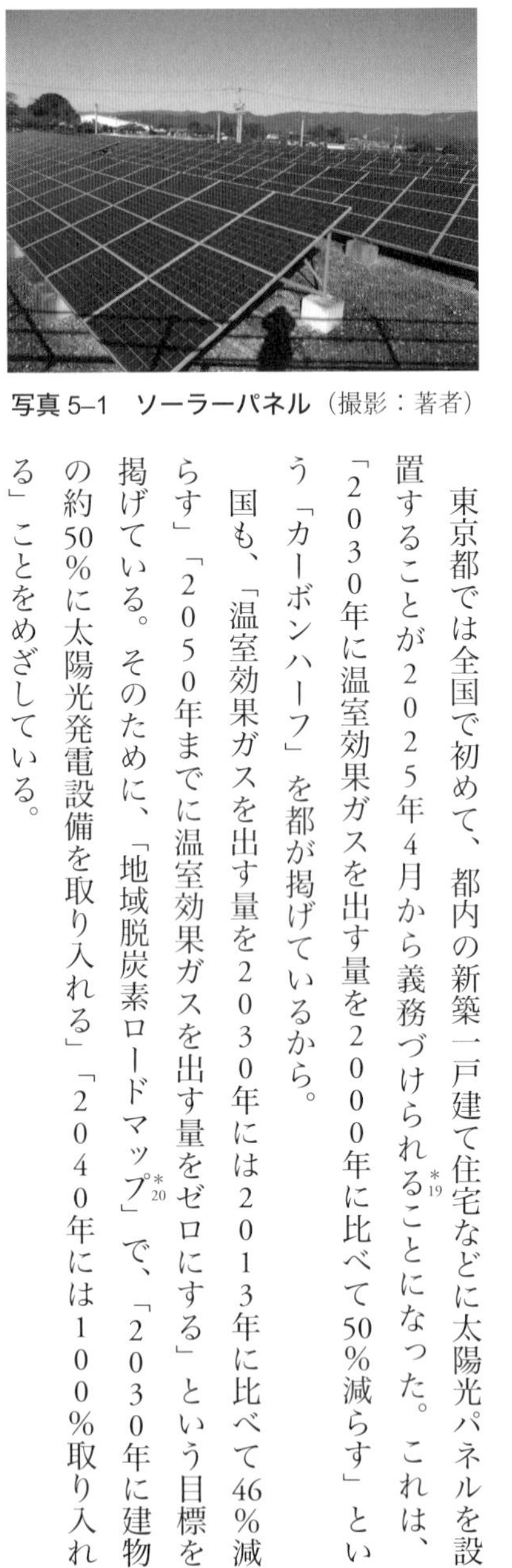

写真5–1　ソーラーパネル（撮影：著者）

東京都では全国で初めて、都内の新築一戸建て住宅などに太陽光パネルを設置することが２０２５年４月から義務づけられる[*19]ことになった。これは、「２０３０年に温室効果ガスを出す量を２０００年に比べて50％減らす」という「カーボンハーフ」を都が掲げているから。

国も、「温室効果ガスを出す量を２０３０年には２０１３年に比べて46％減らす」「２０５０年までに温室効果ガスを出す量をゼロにする」という目標を掲げている。そのために、「地域脱炭素ロードマップ[*20]」で、「２０３０年に建物の約50％に太陽光発電設備を取り入れる」「２０４０年には１００％取り入れる」ことをめざしている。

■太陽光発電は「屋根の上のジェノサイド」だ

世界中の国が「地球温暖化を１・５度に食い止める」ために、「２０５０年に二酸化炭素を出す量ゼロ」をめざして、「何かをしろ」と迫られているんだよね。

それで、叫ばれているのが「再生可能エネルギー[*21]を増やせ」「自然エネルギー[*22]を増やせ」という大合唱。「行け行けどんどん」で太陽光発電や風力発電をガンガン増やしている。でも、つくればつくるほど、二酸化炭素を出すことになる。日本は太陽光パネルや風車の材料になる鉱物をほとんど輸入しているから、鉱物を掘り出すところからパネルや風車を捨てるところまで入れたら、どれだけの二酸化炭素を出すかわからない。発電するときに二酸化炭素を出さないというだけじゃなくて、ものごとの最初から最後までをみないと本当のことはわからない。

太陽光パネルには「シリコン系」「化合物系」「有機物系」とあるけど、よく使われているのは「シリコン系」で、ほとんどが中国からの輸入品。シリコンは世界の生産量の約7割が中国で、世界中で使われている結晶シリコンパネルも80%は中国製。そのうち半分以上が新疆ウイグル自治区でつくられている。そこは中国政府がウイグルの人たちを強制的に集めて、強制的に働かせていると国際的に問題になってるところ。アメリカでは2022年6月に「ウイグル強制労働防止法」ができて、強制された働き方でつくられた太陽光発電パネルや農産物、衣料品などは輸入が禁止された。ヨーロッパでも同じ。東京都や国が義務化するパネルが、ウイグルの人たちを強制的に働かせてつくらせた中国製パネルだったら、東京都や国は強制労働を認めることと同じ。太陽光発電は「屋根の上のジェノサイド（集団殺戮）」と言う人もいるほど。

■レアアースの掘り出しは人と環境を壊す

二酸化炭素を出さない社会をめざすときに「欠かせない」とされているのが、太陽光発電や風力発電、蓄電池、電気自動車など。だけど、それらはバッテリーや電子部品がないと動かない。そして、バッテリーや電子部品に欠かせないものがリチウムやコバルトなどの金属やレアアース（希土類）[*23]。

レアアースも日本は100%輸入してるんだよね。

レアアースも世界全体の約7割は中国で掘り出されていて、レアアースがある主な場所は内モンゴル自治区。ここでも中国政府のモンゴル人に対する人権侵害が問題になっている。モンゴル語での教育を禁じて、それに反対する人たちを押さえつけているから、海外から「文化的ジェノサイド」と呼ばれて、非難されている。

内モンゴル自治区のレアアースは露天掘り鉱山の中に含まれているから、レアアースを掘り出すには、まず鉱山を爆破しないといけない。少しのレアアースを得るために、その1000倍以上の廃棄物が出ると言われている。問題は、レアアースが含まれている鉱石にはウランやトリウムなどの放射性物質が含まれていること。当然、掘り出す人は放射線を浴びる。さらに、鉱石からレアアースだけを取り出すには、１００種類以上の有害な化学物質が使われるため、レアアースをとり出す工場からは有害廃棄物が出されている。また、鉱石からレアアースを取り出すには大量の水を使うから、鉱山のある地域の農民や住民は深刻な水不足にもさらされている。

■２０５０年に世界のパネル廃棄量は約７８００万ｔになる

太陽光発電パネルにはシリコンやレアアースの他にもいろんなものが使われているんでしょ？

環境省の「太陽電池モジュールの含有量試験結果」によると、大量に使われているのは鉛、銅、すず、銀。その他、含有量はさまざまだけど、アンチモン、カドミウム、ヒ素、セレン、水銀、六価クロム、ベリリウム、テルル、亜鉛、モリブデン、インジウム、ガリウムなど。危険な物質名が並んでいる。ほんとうは、これらの地中にある鉱物は地球の内臓みたいなものだから掘り出してはいけないもの。それを抉(えぐ)り出すようなことをしてまで、電気をつくる必要があるんだろうか。

ほんとに、地球の内臓まで食い荒らさないとつくれない「自然エネルギー」って何なの?!

さらに問題なのは、パネルをリサイクルする技術ができあがっていないこと。太陽光発電パネルは20年から30年しか使えないと言われているから、これから世界中で大量のパネルが捨てられることになる。国際エネルギー機関（ＩＥＡ）によると、２０５０年に世界中で捨てられる太陽光発電パネルの量は約６０００万ｔから約７８００万ｔと予測されている。ＩＥＡによると、２０２０年度には６３００ｔが捨てられていて、２０３０年代半ばには年間17万ｔから28万ｔに増えると予測されている。約10年間で27倍から44倍にまで増えることになる。

■大量の太陽光発電パネルが土砂崩れの原因になる

山に太陽光発電パネルを大量にしきつめると、大雨のとき、土砂くずれが起きやすいよね。

2021年7月3日に静岡県熱海市で起きた土砂崩れでは28人が亡くなって、130棟以上の家が押し流された。土石流が起こった場所が盛り土だったから、盛り土が最大の原因とされたけど、その盛り土から数十m離れた場所に大量の太陽光発電パネルがしきつめられていた。その場所は「土砂災害警戒区域」だったのに、木が切り倒されてパネルが置かれていた。

太陽光発電パネルは火事になったときも危険。パネルは光を受けると発電するから、普通の消火ができない。放水すると、水を伝わって感電する可能性があるから、水は霧状で建物にかけなければならない。台風や豪雨などで太陽光発電パネルが水浸しになったり壊れたりしたときも、パネルは光が当たれば発電するから、危なくて近づけない。

■絶滅危惧種のいる国立公園にもメガソーラーがある

いま、メガソーラー[*24]が全国的に広がっていて、北海道にある国立公園の釧路湿原にも東京ドーム1000個分のメガソーラーがある。釧路湿原は日本最大の湿原で、1980年にラムサール条約[*25]によって日本最初の国際保護湿原に登録されたところ。

ここには2000種類以上の動物や植物が生きていて、国の特別天然記念物に指定されたキタサンショウウオ[*26]もいる。そのキタサンショウウオが棲んでいる場所はわかっているだけで20カ所以上、太陽光発電パネルのために埋め立てられた。湿地は水をろ過して、栄養素をためるはたらきがあるから、湿地は地球上でもっとも多くの炭素が貯えられている場所のひとつとされているんだけどね。

二酸化炭素を出さない発電をするためと言ってパネルをしきつめて、二酸化炭素を吸収してくれる湿原を殺している。アベコベだよ！

■太陽光発電施設は緑化施設とみなす

どうして、土砂崩れが起きやすい場所や国立公園の中にメガソーラーを設置することができるの？

大きな理由は、初めに国として厳しく法律で禁止していないから。そして、太陽光発電の設備が建築基準法の「建築物」になっていないから、とりしまれない。さらに、出力が4万kW以上の巨大メガソーラーより小さいものは、環境にどんな影響を与えるかを考えなくていいから。

自然環境や動植物の命を大切にすることよりも、「自然エネルギーでお金をかせぎたい」という政治の流れがある。1999年11月に自然エネルギーを進めたいという「自然エネルギー促進議員連盟[*27]」ができて、2009年11月に「太陽光発電の余剰電力買取制度[*28]」が決まった。

2010年6月には、当時の民主党政権が「固定価格買取制度[*29]をつくって、再生可能エネルギーを一気に広げよう」という方針を出した。そして、2011年1月26日に「行政刷新会議」で、「再生可能エネルギーをすすめるために、いろんなところの規制をゆるめよう」という意見が出されて、「太陽光発電施設は緑化施設とみなす」とされた。

緑化と反対のことをしているのに、「緑化施設とみなす」なんて、おかしすぎる。

■日本中の田んぼや畑や林がパネルや風車だらけにされる

2014年5月1日には、「農山漁村再生可能エネルギー法」[*30]が実行された。『日経エコロジー』(2014年5月号)によると、この法律の目的は、「森林や水、土地など地域の自然を再生可能エネルギー(再エネ)による発電に使って、それでできた電力を売ったお金を地域に役立てること」。そのため、この法律は、再エネによる事業をしようという事業者にとても都合のいいものになっている。

まず、事業者が事業を始めやすいように、市町村や農林漁業者、地域住民、事業者などを含めた協議会で「基本計画」を決められるようにして、事業者が事業を始めるための手続きを市町村にまとめて任せられるようにした。そして、これまで農業をすることしか認めていなかった「農地」でも、荒れた農地(荒廃農地)と使われていない農地(耕作放棄地)は、再エネ事業が使ってもいいと認めた。いま日本に荒廃農地は13万ha、耕作放棄地は14万8000haある。

あわせると27万8000haもあるね。ここにみんな太陽光発電パネルをしきつめていいことになったの!

さらに、風力発電の風車は荒廃農地や耕作放棄地以外の農地でも建てられるようにした。国土の12・1%に当たる456万haに建てていいと。農林水産省によると、田んぼと畑を合わせた耕作面積が432万5000ha(2022年現在)。荒廃農地と耕作放棄地の合計が27万8000ha。両方を合わせると460万3000haになる。つまり、日本の全ての農地とほぼ同じ面積に風車を建てることが許されたんだ。

農業よりも、太陽光発電や風力発電の方が大事という国の方針なんだね。

『ご存じですか、自然エネルギーのホントのこと』(山田征、ヤドカリハウス)よると、この法律で、456万ha以外にプラスして、国有林、保安林、民有林の全てにも風車や太陽光発電パネルを設置してもいいことになった。

■再エネを増やすために全ての利用者から賦課金をとる

2012年7月から実行されたのが「再エネ特措法」[*31]。この法律が決めているのが「再生可能エネルギーの固定価格買取制度」（FIT制度[*32]）。

電気事業者が自分のお金で再エネを買いとるの？

「再エネ賦課金」[*33]制度を国が新しくつくって、そこから電力会社が買いとる再エネ代金を払う。再エネ賦課金は、私たちが払う電気料金に上乗せされて、すべての利用者からとられる。

FIT制度　価格が一定で、収入はいつ発電しても同じ
→ 需要ピーク時（市場価格が高い）に供給量を増やすインセンティブなし

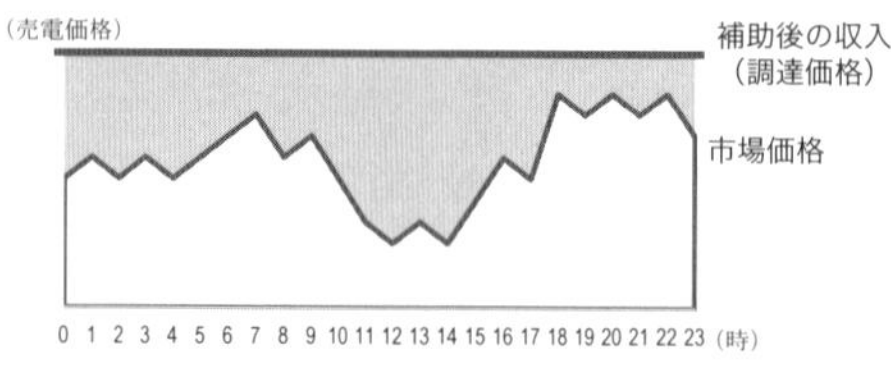

FIP制度　補助額（プレミアム）が一定で、収入は市場価格に連動
→ 需要ピーク時（市場価格が高い）に蓄電池の活用などで供給量を増やすインセンティブあり
※補助額は、市場価格の水準にあわせて一定の頻度で更新

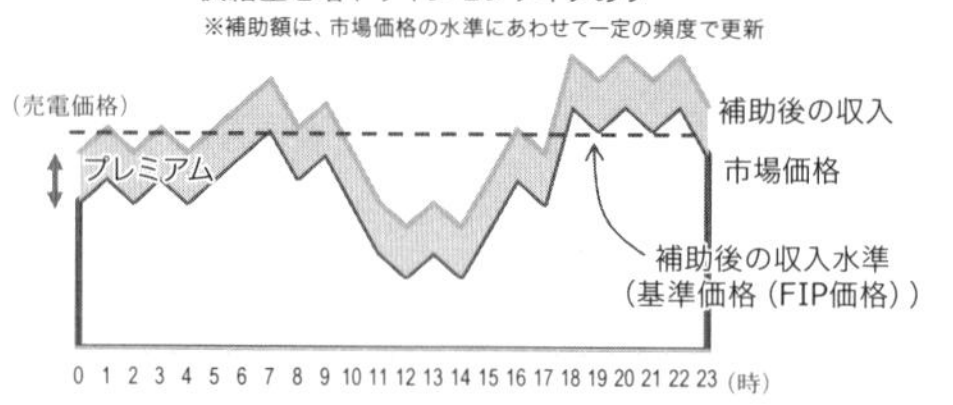

出典：資源エネルギー庁ホームページ

図 5–6　FIT 制度と FIP 制度

FIT制度が始まったときの固定価格っていくらだったの？

太陽光発電所の場合は、電力1kWh（キロワット時）当たり、10kW未満が42円。買取期間は10年間。10kW以上は40円＋税で、買いとり期間は20年間。買取制度が始まる2009年より前は、10kW「未満」も「以上」も約24円だったから、すごい儲けになる。

FIT制度ができて、日本の再エネ発電の設備の量は2022年現在、世界6位で、太陽光発電では中国、アメリカに次ぐ3位になっている。再エネを広げるために、いかに再エネ業者

を優遇してきたかということ。

そこで、政府は2022年4月に、「再エネ特措法」を「改正再エネ特措法[*34]」に変えて、「FIT制度」に加えて新たに「FIP制度[*35]」をつくった（図5—6）。電気の利用者から強制的に集めたお金（賦課金）で支えられた再エネは「自立した電源ではない」から、火力など他の電源と同じように、「自立した電源」にしていこうというもの。そのために、再エネ発電の事業者が電気を売ったときに、全額を固定価格で買いとるのではなく、売った価格に対して一定のプレミアム（補助額）を上にのせるというもの。

そのプレミアムも税金から払うんでしょ。どこまでも事業者にやさしいんだね。

■風車は風で回っていない

ほとんど風がないときでも同じ速度で羽が回っている風車を見たことがあるけど、どうしてたいした風もないのにあんなに重い羽が回るんだろう？

風がなくても羽が回るのは、外からの電気で羽を回しているから。風力発電は風で電気をつくると言われているけど、羽を動かし始めたり、風の向きに合わせて羽の向きを調節したり、台風のときに止めたりするのは、全部、外部の電源。風車は、風速3m／秒前後までの風がないときは停止している。

風速3～5m／秒前後（カットイン風速）になるとコンピュータが動き出して、増速機が羽を回し始める。風速8～16m／秒（定格風速）になると初めて風車は外部電源なしで、自動回転を始める。だけど、風速24～25m／秒（カットアウト風速）になると、羽が破壊されて飛び散る可能性があるから、ブレーキ装置が働いて回転を止める。

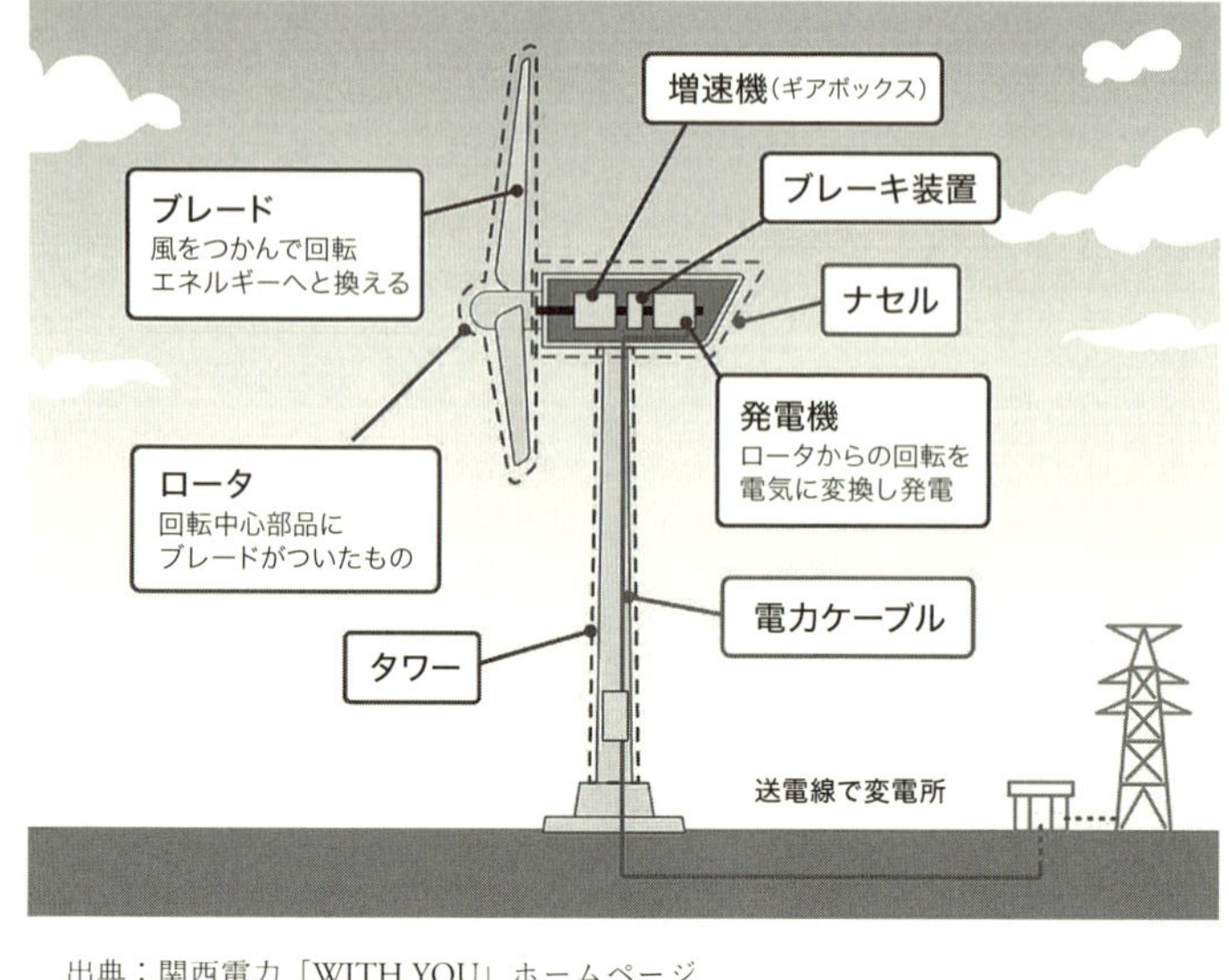

出典：関西電力「WITH YOU」ホームページ

図 5–7　風力発電の仕組み

■風車の数だけ設置のための道づくりで山が裸になる

風車はどんなつくりになってるの？

風車つまり風力発電設備は「タワー」と呼ばれる柱の先頭に、「ブレード（風車の羽）」という大きな羽がついたつくりをしている（図5—7）。ブレードと回転軸などを組み合わせたものを「ロータ」と言って、ロータの後ろに伸びているのが「ナセル」。ナセルの中には、増速機やブレーキ装置、発電機などが入っている。羽の中は空洞だけど、桁（柱の上にある横材）の材料には炭素繊維複合材料が、表面にはガラス繊維複合材料が使われている。

一般的なブレードの長さは40mから50m。アメリカでは200mのものも開発中とか。新幹線の車両1つの長さが25mだから、新幹線2両分の長さの羽が回っていることになる。長さが約50mある羽の重さは約50t。羽は3本あるからあわせると約150t。そして、一般的な風車の場合、ナセルの重さは約80t、タワーの重さは約200t。羽3本、ナセル、タワーを全部あわせると約430tということになる。430tというのは、アフリカゾウ1頭の重さを5tとすると、ゾウ86頭分の重さだ。

そんなに！　そんな重いものを建てるには、地面を深く掘って、地面を固めないと倒れるね。

アメリカでもっとも大きな電力会社の「ミッドアメリカン・エナジー・カンパニー」が、羽の長さ52m、タワーの長さ78mの風車を建てる様子を映像で公開している。それを見ると、まず直径30mの場所を確保し、深さ3mまで掘る。次に、ジオピアと呼ばれる「根っこ」を40〜100本、地面に埋め込む。その後、コンクリートで床をつくり、約43tの鉄骨で基礎をつくる。そこにトラック53台分のコンクリートを流し込んで基礎を固める。そして、約1146m^3の土を載せて平地に戻す。その上に3分割されたタワーやナセル、羽が取り付けられる。

そもそも、風車を建てるときにはまず道路をつくるところから始まる。約5m幅の道路が建てる風車の数だけ、山肌を裸にしてつくられることになるし、資材置き場や作業スペースもいるから、山はさらに裸にされる。

■洋上風力発電の海の生物への影響は未知数

いま、日本にはどれくらいの数の風車が建てられているの？

2022年12月末現在、日本にある風車は2622基。[*36] これまで風力発電でつくってきた量は480・2万kW。それを、政府は2050年には5000万kWから7000万kWにしたいらしい。そのために、日本は周りを海に囲まれているから、海の中に風車を建てて発電をする洋上風力発電を増やそうとしている。2030年には約1000万kW、2040年には約3000万kW〜約4500万kWを目標にしている（図5―8）。

海の底に建てる洋上風車の場合は、風車を支える杭などは水深10〜25m、地層によっては水深50〜60mの深さまで打ち込まれる。さらに、つくった電力を陸の上の変電所に送るために海底の送電線と風車を操作するた

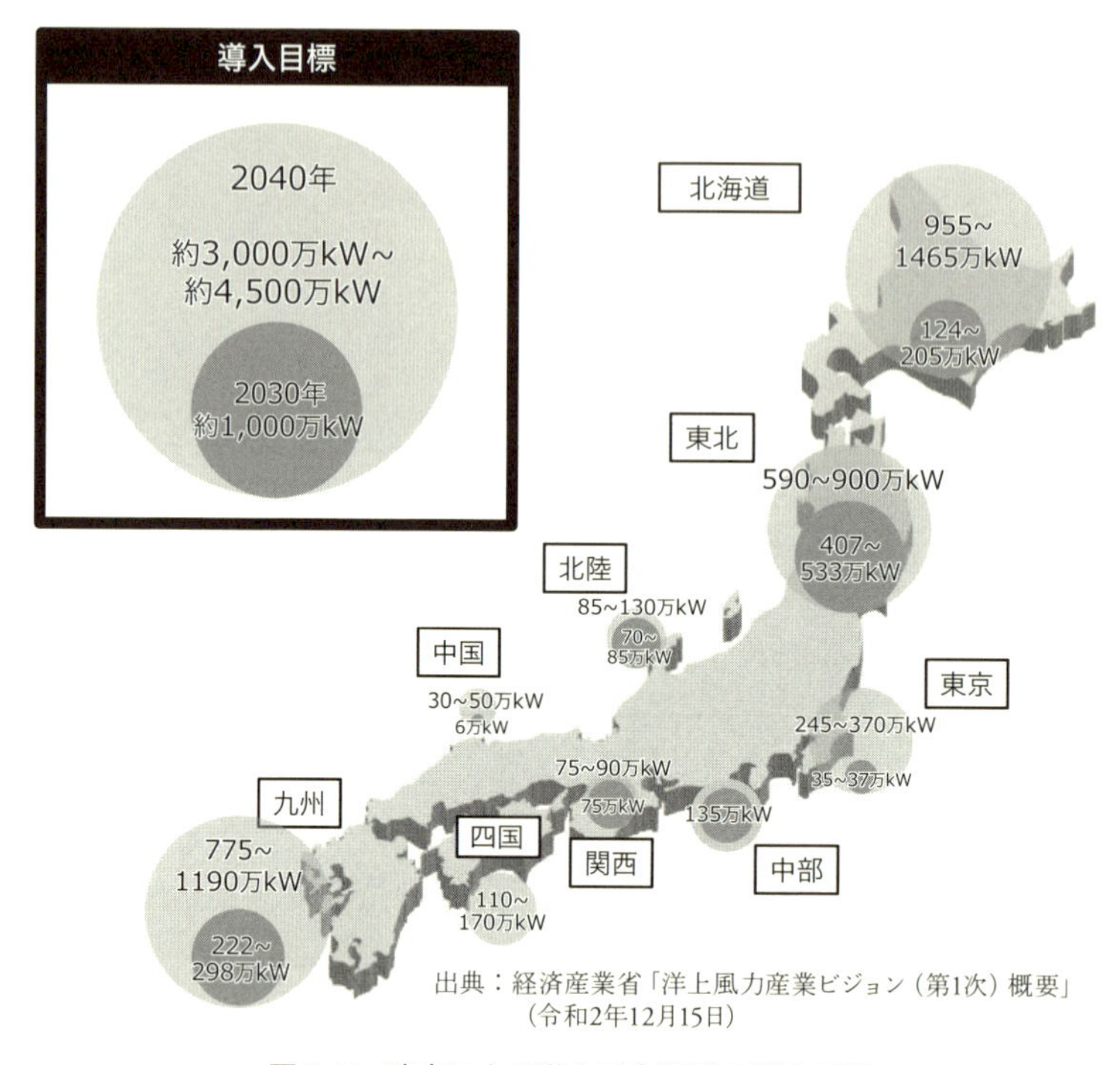

出典：経済産業省「洋上風力産業ビジョン（第1次）概要」
（令和2年12月15日）

図 5–8　政府による洋上風力発電の導入目標

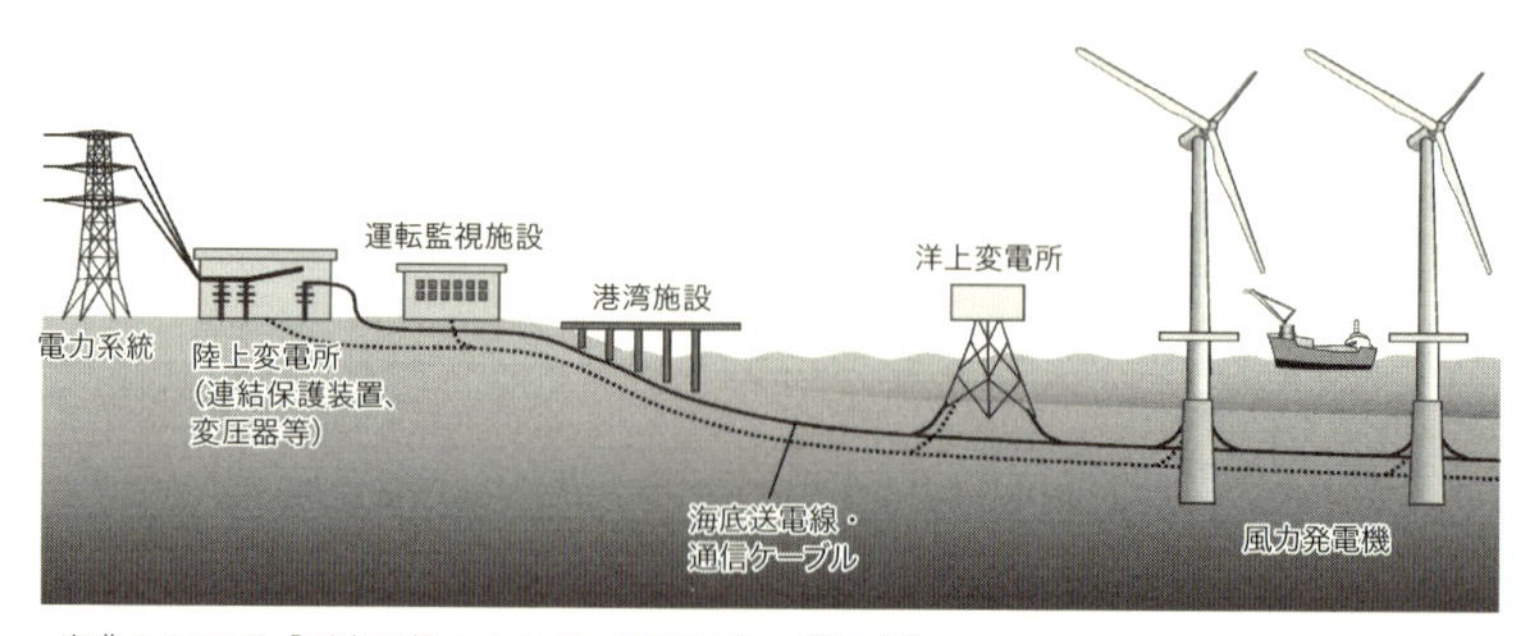

出典：NEDO「再生可能エネルギー技術白書」（第 2 版）

図 5–9　洋上風力発電所のしくみ

めの通信ケーブルが必要になる（図５—９）。送電線からは超低周波の電磁放射線が出るから、それが、海の動植物にどんな影響を与えるかはわからない。もともと地球にある磁場を利用して移動したりエサを探したりしている魚たち（サケやウナギなど）への影響が心配になる。

■陸と海でバードストライクが起きている

風車が完成して、新幹線２両分の羽が回り出したら、鳥たちが風車の羽に衝突して命を落とすことが増えるね。

「バードストライク」[*37]は有名。アメリカの場合、国全体で年間約50万羽の鳥が風力発電の施設に関連する事故で犠牲[*38]になっていると推察されている。世界風力会議（ＧＷＥＣ）によると、２０１７年の場合、アメリカの風力発電は世界２位（16・５％）で１位は中国（34・９％）。中国は量的にはアメリカの倍以上だから、ざっと年間約１００万羽が命を落としている可能性がある。日本は19位（０・６％）で年間約２万羽が犠牲になっている可能性が。世界全体では年間約２００万羽が命を落としていると推察できる。

日本の場合、バードストライクが多い主な鳥は、トビ、オジロワシ、カモメ類、カラス類など。

風車の被害を受けるのは鳥だけじゃない。空を飛ぶ昆虫も、その被害はものすごい数になるはず。回る羽の後にできる渦巻き状の乱気流によっても昆虫は落ちるから。

■風車の周りで「風車病」が起きている

風車が回転すると、影響は鳥だけじゃなくて、人間への影響も大きいよね。

風車の近くに住む人たちは、「めまいがする」「頭が痛い」「吐き気がする」「鼓膜が押される感じ」「集中できない」「眠れない」「鼻血が出る」「血圧が上がる」「だるくてしょうがない」など世界中で同じような健康被害を訴えている。これらの症状を内科医の汐見文隆さんは１９９０年に「風車病」と名付けた。彼は長い間、低周波音が起こす公害にとりくんできた人で、「風車病」のことを「超低周波空気振動症候群」とも呼んでいる。

超低周波音の被害は８km先までも及ぶと言われているけど、風車に近いほど多くの人に症状が出るよう。フィンランドの場合[*39]、症状があったのは２・５km以内に住む人がいちばん多くて15％。２・５〜10km以内の人が８％、10〜20kmの人では２％。「症状がある」と回答した人の約半数が、「耳を押される感じや耳鳴りなどがある」「眠れない」と訴えていて、「不整脈など心血管系の症状がある」「頭が痛い」と訴えた人も約４分の１いた。

■バックアップ用に火力発電所が必要だ

太陽光発電パネルは太陽の出ているときだけ発電するから、夜は発電しないよね。朝や夕方、雨や曇りのときは発電するけど、量は少ない。風力発電も風がないときは発電しないし、台風や嵐などのときは羽の動きを止めるから、このときも発電しない。だけど、私たちは太陽光や風力がないときでも、毎日、電気を使うよ。太陽光発電や風力発電だけでも、電気はいつも使えるの？

太陽光発電や風力発電だけでは、どんなときにも必要な量の発電をするのは無理。だから、不安定な太陽光発電や風力発電には、いつも何かあったときのために火力発電所を待機させておかないといけない。変わっていく電力に合わせて運転したり止めたりと、自由自在に運転することが求められる（図５―10）。

そもそも電気は貯めておけないから、その瞬間、瞬間、使う量とつくる量が同じでないとダメ。そのため電力会社は使う量を予測して、発電する量を24時間３６５日、ぴったりと合わせている。これは「同時同量」という発電するときの基本的な決まり。その出力の調整ができるのは火力発電と水力発電だけなんだ。

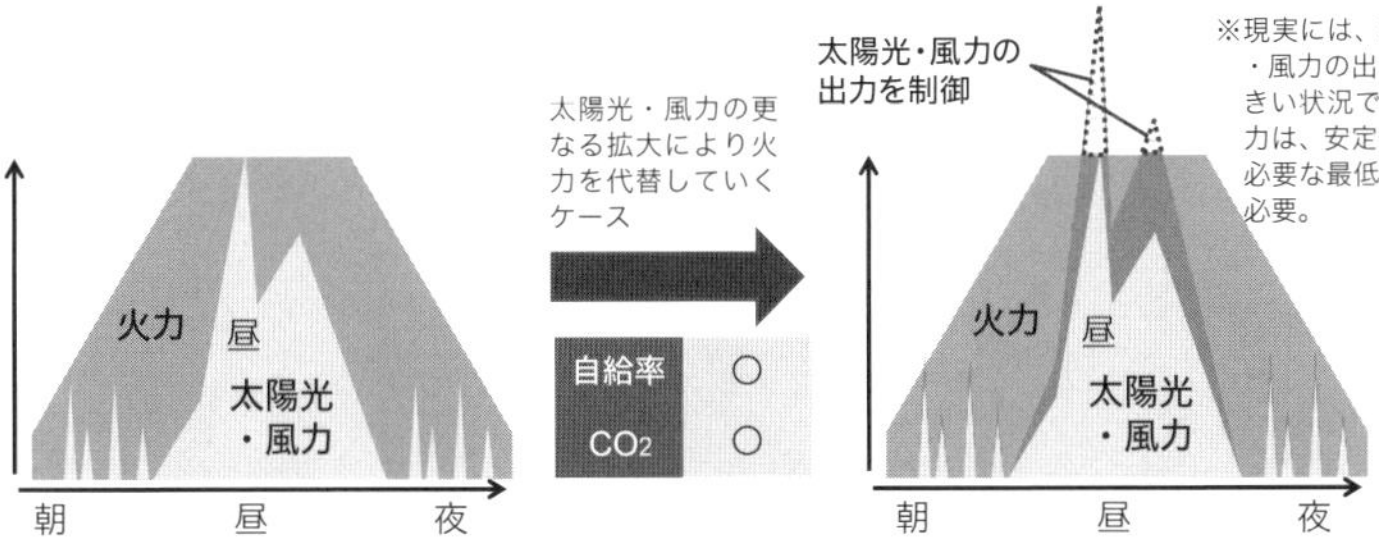

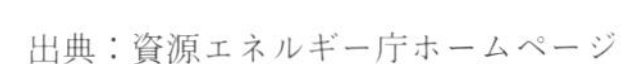
出典：資源エネルギー庁ホームページ

図 5–10　太陽光・風力発電には火力発電のバックアップが必要

電力を貯めておける巨大な蓄電池があったら再エネだけで大丈夫なのかな？

個人が太陽光発電パネルで発電した分は蓄電池で自分用に貯めることは可能。だけど、国全体で使うほどの電気を貯めておくような巨大蓄電池を置くにはとてもたくさんのお金がかかるから現実的にムリ。だいいち、すごい量のレアアースなどが必要になって、もっと環境を壊すことになる。「電気が簡単に貯められて、火力の手伝いがいらなくなるまで再生可能エネルギーを100％にすることができない」と、四国電力はホームページに書いている。

■太陽光や風をそのまま使う

太陽光や風力をわざわざ、パネルや風車を使って電気に変えてから使わなくても、そのまま使った方がよくない？　ソーラークッカー（反射板などで太陽の光を一点に集めることで調理する道具）を使えば簡単な料理もできるよ。

いまは何でも電化製品を使っているけど、太陽光や風をそのまま使う方法はたくさんある。例えば、「干す」こと。電子レンジやオーブントースターを使って乾燥させなくても、野菜を輪切りや細切りにして、ザルに並べてベランダにでも置いておけば、太陽光と風が乾燥させてくれる。

春はドクダミなどの薬草を干しておけば、お茶にしたり、お風呂に入れたりして一年中使える。夏には、オクラでもナスでもトマトでも野菜を干しておけば、冬でも使える。秋に柿ができたときには、皮をむいて軒下につるしておけば美味しい干し柿ができるし、干した皮は白菜漬けなどの漬物に使える。

太陽光や風を直接使う方法は、電気がなかったときの暮らしを調べれば、たくさんある。時代小説の中にも「エコ生活」のモデルがたくさんある。

6 「脱炭素社会実現」のために原子力発電を活用する?!

■原発推進に舵をとった

東京電力福島第一原子力発電所（福島原発）が事故を起こしてから13年（2024年現在）。原発はあのときから消えていく運命にあると思っていたけど、なんと、政府は「気候変動」にからめて「原発を最大限活用する」という方針を出した。

「2050年に二酸化炭素を出さない社会の実現をめざす」ために原発を増やすわけ?

2022年12月22日、政府は脱炭素社会を実現するために基本方針を決めた。基本方針の中味は、「原子力を最大限活用する」「原発を新たにつくる」「原発の寿命を延ばす」などで、これまでの原子力発電についての方針を大きく変えるものだった。約4000件の意見が寄せられて、その多くが原発に反対する意見だったけど、ほとんどの意見が無視されて、岸田政権は2023年2月10日に「GX実現に向けた基本方針」[*40]を決めた。

そして、この基本方針を現実のものとするために「GX推進法」[*41]と「GX脱炭素電源法」[*42]という2つの法律をつくった。日本の原子力についての方針を大きく変えた問題の法律が「GX脱炭素電源法」。この法律の問題は、性質のちがう５つの改正法[*43]をひとつに束ねた法律であるということ。

どうして５つもの法律をひとつに束ねる必要があるの？

原発に反対の人が多いから、国民が変えた法律の中身をよく理解できないうちに数の力でさっさと決めてしまおうという狙いだと思う。そして、この「ＧＸ脱炭素電源法」で、「電気をいつでも安定して手に入れる」ため、「脱炭素社会の実現」のために、「安全を保つことを絶対の条件とした」原子力を活用することを「国の責任と義務」にすると決めた。

■いまも「原子力緊急事態宣言」が発令中だ

政府は、「安全を保つことを絶対の条件とした原子力」なんて言っているけど、原発に「安全」なんてことが絶対にないことは事故が証明したよね。

２０１１年3月11日16時36分、福島原発で事故が起こったとき、政府は「原子力緊急事態宣言」を出した。事故から13年たっても、まだ2万人以上の人が自分の家に戻れていないし、「原子力緊急事態宣言」も出されたまま。

燃料のウランは１００％輸入。鉱山でウランを掘るところから、燃料に加工するとき、運ぶときも二酸化炭素は出る。原発の建物も鋼鉄とコンクリートの塊で、それを建てるときにもものすごい二酸化炭素が出される。福島原発の後始末をもう13年以上やっているけど、どれほどの二酸化炭素を出したことか。「核のごみ[*44]」の始末を終える数十万年先までにどれくらい二酸化炭素を出すか、とても計算できない。

二酸化炭素が地球温暖化の原因だというのなら、原発だけはやったらいけないよね。

二酸化炭素は悪くて、「死の灰[*45]」は良いと言っているようなもの。そして、原子力の活用を「国の責任と義務」

とするということは、また原子力発電を行う会社が事故を起こしても、国民の税金で助けるということになる。

■原発を「60年以上運転できる」ようにした

「ＧＸ脱炭素電源法」にはまだ問題がある。原発の運転期間について、60年を超えても運転できるように変えたんだ。これまでは、古くなって役に立たなくなりかけた原発を安全に保つために、「原子炉等規制法」という法律でルールを決めていた。一つは、「原発の運転期間を原則40年とする。ただし、1回だけ20年延長できる」。もう一つは、「30年を超えた原発は、10年ごとに審査を行う」というもの。

延長できたとしても、「最長60年まで」というルールがあったんだね。

だけど、「ＧＸ脱炭素電源法」では、原発の運転期間についてのルールをなくした。そして、原発の運転期間について決める権利を、原子力を制限する立場の原子力規制委員会から、原子力をおしすすめる立場の経済産業省に移した。さらに、「原発が運転を止めていた期間も、運転期間につけ加えることができる」ようにした。つまり、60年以上、原発を運転できるようにしたんだ。

■「原発ゼロ」でも電気は足りていた

福島原発の事故が起こった後、政府は「原発をだんだんなくしていく」と決めたんじゃないの？

当時の民主党政権は２０１２年に「２０３０年代に原発をゼロにする」と言い、次の自民党政権も「原発に頼るのは可能な限り減らす」という態度だった。それを、13年たって岸田政権が「最大限活用する」と変えた。そして、政府は２０３０年度には原発の割合を20～22％にすることを目標にしている。２０１９年度には６％程度だったから約４倍に増やす計画だ（図５―11）。

事故の後、原発が全て止まっていた時期もあったんでしょ？

２０１３年９月15日から２０１５年８月11日までの１年11カ月間、全国にある54基の原発全てが止まっていた。止まっていても電気は充分にあった。だから原発はいらないんだよ。もともと原発は、太陽光発電や風力発電と同じように、必ず同じ量の電力をつくり出せる火力発電や水力発電のバックアップが必要なんだ。事故で急に止まったり、定期点検で停止したりするときのために。

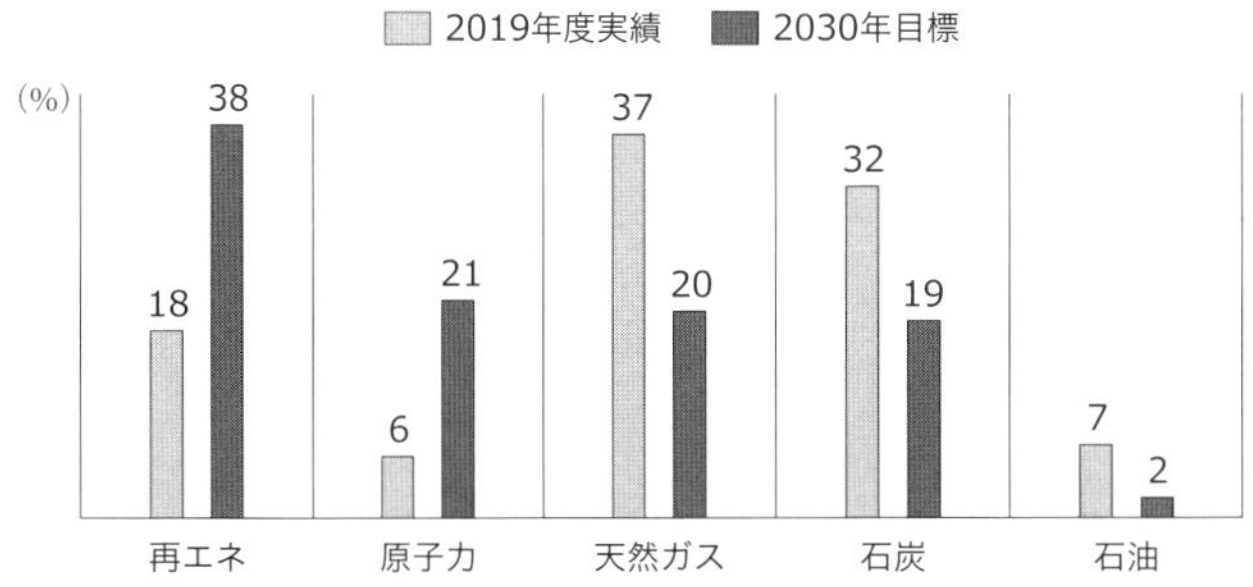

(%)

	2019年度実績	2030年目標
再エネ	18	38
原子力	6	21
天然ガス	37	20
石炭	32	19
石油	7	2

注：「再エネ」は太陽光発電、風力発電、水力発電、バイオマス、地熱発電の総称。

出典：資源エネルギー庁「エネルギー基本計画」（2021年10月）

図 5–11　発電内訳の現状と目標

■核のごみの最終的な捨て場所は決まっていない

福島原発が事故を起こした後、ドイツは原発をすべて止めると決めたんだよね。

ドイツのメルケル首相が決めた。「前車の轍（てつ）を踏まない」「他人のふり見て我がふり直せ」ということわざがあるけど、ドイツはまさにそうした。２０２３年４月15日にドイツは最後の原発３基を止めた。ドイツ政府によると、これまで原子炉33基が動いていて、完全にバラバラにしたのは３基だけ。核のごみを地下深く、ほぼ永久的に保管する最終処分場はこれから選んで決める予定だって。原発を止めることを決めても、原発が一度出してしまった核のごみは、ほぼ永久的に残り続けるんだ。

日本も核のごみを捨てる場所はまだ決まっていないよね。

いまのところ（２０２４年６月段階）、北海道の寿都（すっつ）町と神恵内（かもえない）村、佐賀県の玄海町が最終処分場を決めるための調査に応じている段階。２年くらいの「文献調査」に応じるだけで20億円が、地質を調べる「概要調査」に協力すると70億円のお金が入るから、過疎地でお金のない自治体は弱みにつけこまれる。だれだって核のごみのあるところで暮らしたくはないから、カネの力にものを言わせないかぎり、最終処分場を選ぶことさえできない。

■トリチウム処理水を海に流す

福島原発の事故後、1〜3号機の中には溶けて落ちた核燃料（デブリ）があるけど、それを冷やすために、ずっと水を注ぎ続けなければならない。その水の他に地下水や雨水も流れ込むから、機内には毎日、毎日、約90tの放射能で汚染された水がたまり続けている。汚染水に含まれた放射性物質のほとんどは多核種除去設備（ALPS）というもので取り除くことができるけど、トリチウム[*46]だけは取り除けない。

取り除けなかったらどうするの？

これまでは専用のタンクに汲み上げて原発の施設内に置いてきた。でも、タンクが1000基を超えたから、原発を廃止する作業のじゃまになると言って、処理した水を海に流し始めた。1回目は2023年8月24日。処理した水に大量の海水を混ぜて、トリチウムの濃さを薄めて[*47]から約1km離れた海の底から約8000tを流した。

すべての処理水を流し終えるには約30年かかる。政府は2015年に、処理水について「関係者の理解なしにはいかなる処分も行わない」と漁業を行う人たちと約束していたのに、反対を押し切って流した。

約束って破っていいものなの?!　トリチウムが海に流されると、どんな影響が出てくるんだろう？

政府は、「影響は無視できるほどごくわずか」と言ってるけど、まず、影響を受けるのは海の生き物たち。長い間、トリチウムの入った水を流し続けていると、海底の土や海藻などにトリチウムが移ったり、溜まったりする。それが、こんどは海水へ逆に移って、海の中のトリチウムの濃さが年々高くなる。そこを泳ぐ魚を人間が食べれば、トリチウムは人間へ移ることになる。海はとても神聖な場所で、最初に生命が生まれたところ。全てのものを育むお母さんとも言える存在。だから海を汚すということは、自分を汚すということと同じ。

トリチウムを海に流しているのは日本だけなの？

トリチウムは原発を動かすと原子炉の中でもできるから、原発がある国はどこも基準に従って海へ流している。世界中の原発を止めない限り、海はトリチウムで汚され続けることになる。

■戦争でまっさきに攻撃されるのは原発だ

もし戦争になったら、原発がまっさきに狙われるね。

ロシアがウクライナに攻め込んだときに、それが証明された。2022年2月24日、ロシア軍がまっさきに行ったのがウクライナ北部にあるチェルノブイリ原発を押さえることだった（現在は撤退）。そして、3月4日にはウクライナ南部にあるヨーロッパ最大のザポリージャ原発をロシア軍が奪い取った。この原発には6つの原子炉があって、攻撃を受けた日には3基が動いていたから、世界中の人々がふるえあがった（2024年6月現在も占拠中）。大気はつながっているから、もし、原発事故が起きたらウクライナだけじゃなくヨーロッパ中が死の灰で汚染され、世界中が影響を受ける。

1986年4月26日、試験運転中だったチェルノブイリ原発の4号機の原子炉が爆発を起こしたとき、旧ソ連やヨーロッパに大量の放射性物質がまき散らされて、日本にも届いた。事故から38年が過ぎたけど、いまも使用済み核燃料の管理は続いている。

戦争じゃなくても、誰かがドローンを飛ばして原発を攻撃したらどうなるの？

原発には使用済みの核燃料がある。発熱量も放射線量も高いままだから、ふつうは貯蔵プールに保管して、水を循環させながら5〜6年間冷やしている。この貯蔵プールがドローンやミサイルで狙われたら、防ぎようがない。

7　気候変動時代を生き抜く

■独自の「非核法」をつくる

原発をなくすにはどうしたらいいのかな？

福島原発事故が起こったとき、「日本に原発って54基もあったの？」って、初めて気づく人が多かったから、いつも原発がどうなっているか、気にかけておくこと。もう二度と、「気がついたら54基も動いていた」なんてことにならないように。いま（2024年5月現在）は、12基の原発が動いている。

福島原発事故の後、ニュージーランドに避難した友人がいたけど、ニュージーランドには原発がない。1987年に「非核法」[*48]をつくって、「核をもつこと・つくること」はもちろん、原発も禁じている。核兵器を載せていたり原子力で動いたりする軍艦や船が港に入ることも禁じている。ドイツはチェルノブイリ原発事故を起こした後、2002年に「脱原発法」を決めた。日本は原爆を落とされた国で、原発事故を起こした国だから、核の被害も加害も両方経験している。はやく「非核宣言」をして独自の「非核法」をつくりたい。

■無駄な電気のために地球を壊さない

日本って、電気をむだに使いすぎじゃない?! 駅のトイレに、手を洗った後、手の水滴を吹き飛ばす器械が置いてある。みんなすごい音をさせて水滴を飛ばしてるけど、電気のムダ。ハンカチを使えばいいだけなのに。

原発事故の後、昼間、地上にある駅のホームの電気はほとんど消えていたけど、いまはまた昼間もついている。「待機」で使う電力の量も多い。いつもコンセントにつながっている家電ばかり。スマホもひんぱんに充電しないと使えないほど電気を使う。無線の通信は有線通信の10倍電気を使うから、ＩｏＴなどモノが無線で結ばれれば結ばれるほど、電気の消費量は増える。

地球の46億年の歴史を1日（24時間）に例えると、人類が誕生したのは午後11時58分44秒過ぎ。そんな最後の最後に地球に現れた人類が、自分たちだけの「無駄な電気」のために、他の生物の生きる場所を奪っている。世界自然保護基金（ＷＷＦ）の報告によると、１９７０〜２０１８年までの48年間で生物多様性[*49]の68％が減っている。

■電気を使わない豊かな暮らしがある

ニュージーランドには「Less is More（レス イズ モア）」という言葉がある。「少ないことはそれ以上の何かをもたらしてくれる」という意味らしい。

ルイの知り合いに電気を使わない生活をしている人が何人もいる。長野県で暮らすKさんとSさんは、古い家を再利用して木だけを使って自分たちの家を建てた。水は湧き水、火は薪ストーブ。その火で暖をとって、料理をしている。ときどき行くけど、とっても豊かな生活で、つけものからビールまで手作りしている。お風呂は薪でわかして、夜の照明はローソク。トイレは汲み取り式で、トイレで使った紙は古新聞に包んで固くねじっておいて、お風呂を沸かすときに燃やす。リサイクルできる生活だからごみも出ない。ギターを弾いたり、歌をつくって歌ったりと、目いっぱい自分の五感を使って生活している。

第1章に出てきた玄君の生活も電気ナシ。両親と暮らしているけど、KさんやSさんの生活と同じようにとても豊か。水は沢から汲んで、火は薪、夜の照明はローソク。ボロボロだった古屋を自分たちで住めるように手を入れて暮らしている。

なんだか毎日がアドベンチャーですごく楽しそう。だけど、そんな暮らしは田舎だからできるんじゃないの？

東京のど真ん中でも電気のない生活をしている人はいるし、月２００円以下の電気代で生活している人もいる。もちろん、皆が同じような生活をする必要はないけど、少しでも電気を湯水のように使う生活を見直せば、原発はいらないし、自然破壊も進まないはず。

■「懐かしい未来」を生きる

ルイのこの家もほとんど電気は使ってないよね。使うのは照明と、地下水を汲み上げるためと、夏に冷蔵庫を使うときぐらい？

ほんとうは照明も冷蔵庫もなくていい。お日さまが出たら起きて、お日さまが沈んだら早く寝る生活にすれば照明はいらない。夜はローソクと懐中電灯があれば十分。電気がないと困るのは水を汲み上げるときだけかな。水を汲み上げるポンプを電気につながないと水が蛇口から出ないから。お風呂は山の雑木を燃やして沸かせるし、その火を七輪に移して炭を足せば、簡単な料理もできる。焼きナスや焼き芋は絶品だよ。この家に来たときには、電気を使う便利さから離れて、五感をフル活用して生活する体験をたくさんしてもらいたい。暑いときにはどうすれば涼しく過ごせるか、寒いときにはどうすれば温かく過ごせるか。

「懐かしい未来」という言葉があるけど、電気のない時代を生きてきたご先祖さまたちに感謝して、その知恵を学んで、自分の頭で考えてどんな気候の中でも生き抜いていきたいね。

注

＊1　**地球温暖化**　地球の表面の温度が上がって、気候が変わっていく現象。

＊2　**温室効果ガス**　温室効果をもたらすガスのこと。二酸化炭素の他にメタンガス、亜酸化窒素（一酸化二窒素）、フロンガスなどが代表的。その中で二酸化炭素の量がいちばん多いため、温室効果ガス＝二酸化炭素と扱われることが多い。

＊3　**二酸化炭素の世界平均濃度**　温室効果ガス世界資料センターの調べによる。

＊4　**気候変動に関する政府間パネル（IPCC）**　参加している国の一致した意見に基づいてものごとを決める政府間の組織で１９８８年にできた。１９５の国と地域が参加して、気候変動に関する報告書を5年から7年ごとにつくっている。２０２３年現在、6次までの評価報告書と特別報告書などが発表されている。

＊5　**国連気候変動枠組条約（UNFCCC）**　１９９２年6月にブラジルのリオ・デ・ジャネイロで開かれた「環境と開発に関する国連会議」（地球環境サミット）で、日本を含めた１５５カ国が署名した。１９９４年から実行に移され、温室効果ガスを減らすためのとりくみについて具体的に計画したり実施したりすることなどが義務づけられた。

＊6　**パリ協定**　２０１５年にパリで開かれた国連気候変動枠組条約第21回締約国会議（COP21）で採用され、２０１６年から効力が発生した。

＊7　**京都議定書**　１９９７年に京都で開かれた国連気候変動枠組条約第3回締約国会議（COP3）に参加した84カ国（２００１年にアメリカは離れる）によって決められ、２００５年2月から効力が発生した。正式名は「気候変動に関する国際連合枠組み条約の京都議定書」。先進国が出す温室効果ガスの量について各国ごとに減らす数値の約束をすることが法的にしいられた。

＊8　**『1・5度の地球温暖化』**　正式名は『１・５度の地球温暖化：気候変動の脅威への世界的な対応の強化、持続可能な開発及び貧困撲滅への努力の文脈における、工業化以前の水準から１・５度の地球温暖化による影響及び関

連する地球全体での温室効果ガス（ＧＨＧ）排出経路に関するＩＰＣＣ特別報告書』。

＊9　**２０２１年の報告書**　第６次評価報告書のこと。

＊10　**『グレタ　ひとりぼっちの挑戦』**　原題は「I AM GRETA」。２０２０年製作のスウェーデン映画。

＊11　**国連気候行動サミット**　各国の政府・自治体・企業・市民団体の代表者が集まって、地球温暖化を防ぐための行動について話しあった国連の会議。２０１９年9月23日にニューヨークの国連本部で開かれ、77カ国が２０５０年までに温室効果ガスを出す量を実質的にゼロにすることを約束した。

＊12　**気候正義（Climate Justice）**　二酸化炭素をほとんど出していない経済的に貧しい人々が、気候の変動によって激しくなった災害などにいちばん苦しんでいるという不公平な社会を変えたいという取り組み。

＊13　**環境と開発に関する国連会議**　ブラジルのリオ・デ・ジャネイロで開かれた地球環境サミットのこと。

＊14　**地球憲章（Earth Charter）**　「持続可能な未来に向けての価値と原則」を定めた地球市民の約束事で、２０００年に地球憲章委員会によって発表された。４つの基本原則と16の原則からなる。４つの原則は、「生命を営むもの全てに対して敬うことと思いやりをもつこと」「生態系を保つこと」「公平でかたよりのない社会と経済」「民主主義、非暴力と平和」。ロシアのゴルバチョフ元大統領やケニアのワンガリ・マータイさんなど世界のリーダーや、いろんな人の思いによってとりまとめられた。

＊15　**赤祖父俊一**（あかそふ）　元アラスカ大学国際北極圏研究センター所長。

＊16　**地軸の傾き**　地球の地軸は太陽に対して傾いている。４万１０００年の周期で、この傾きが21・5度から24・5度の間で行ったり来たりしている。傾きが小さいと地球の気温の変化は小さくなり、傾きが大きいと夏の暑さと冬の寒さが強くなる。現在は約23・４度となっている。

＊17　**歳差運動**　太陽、月、その他の惑星の引力のために、地球の地軸がすりこぎのような円錐運動をすること。地軸の向きは約２万５８００年かけて１回転し、もとの位置に戻る。

＊18　**畜産から出る温室効果ガス**　国連食糧農業機関（ＦＡＯ）による２０１３年の報告による。

＊19　**太陽光パネル設置義務化**　延べ床面積２０００m²未満の新築の住宅などは、大手住宅メーカー約50社に太陽光パネルの設置を義務づけている。延べ床面積２０００m²以上の新築ビルやマンションは、建築面積の５％に陽光パネルを設置することが建築する会社や人に義務づけられている。

＊20　**地域脱炭素ロードマップ**　２０２１年６月に国・地方脱炭素実現会議が決めた。

＊21　**再生可能エネルギー**　使っても、使った分の補充が一定して変わらずにできるエネルギーの総称。自然エネル

ギーの他に、バイオマスエネルギー、温度差エネルギーなどがある。

＊22 **自然エネルギー** 再生可能エネルギーの一種で、特に自然現象から得られるエネルギーのこと。主に太陽光発電、風力発電、中小水力発電、地熱発電などがある。

＊23 **レアアース（希土類）** 「自然界にまれに存在する金属元素」で、スマートフォンやタブレット、パソコン、発色ダイオード（LED）などの先端技術に欠かせないもの。

＊24 **メガソーラー** 1MW（メガワット）（1000kW キロワット）以上の発電をする太陽光発電システムのこと。

＊25 **ラムサール条約** 「特に水鳥の生息地として国際的に重要な湿地に関する条約」の通称。1971年にイランのラムサールで採択された。日本は1980年に加盟した。国際湿地条約。

＊26 **キタサンショウウオ** 体長約10cmの小型のサンショウウオ。シベリアに広く生息しているが、日本では釧路湿原だけしか知られていない。その卵は光を当てると青白く輝き「湿原のサファイア」とも呼ばれている。環境省のレッドリストで「絶滅危惧種」に指定されている。

＊27 **自然エネルギー促進議員連盟** いろんな党派の国会議員257名が参加してつくった。「環境よりも経済的利益を優先する」「原発に対する姿勢は問わない」ことなどで集まった団体。

＊28 **太陽光発電の余剰電力買取制度** 向こう10年間、家庭や小さな事業所での太陽光発電の余った電気を、電気の利用者が高い価格で買い取り負担するというもの。使った電気の量に応じて、毎月「太陽光発電促進付加金」を払っている。

＊29 **固定価格買取制度** 太陽光発電でつくった電気を、電力会社が決まった価格で20年間、買い取るというもの。

＊30 **農山漁村再生可能エネルギー法** 正式名は「農林漁業の健全な発展と調和のとれた再生可能エネルギー電気の発電の促進に関する法律」。

＊31 **再エネ特措法** 正式名は「電気事業者による再生可能エネルギー電気の調達に関する特別措置法」。

＊32 **再生可能エネルギーの固定価格買取制度（FIT制度）** 事業者や個人が再生可能エネルギーで発電した電気を、電力会社が一定期間（向こう10年間や20年間）、一定価格で買い取ることを国が約束するという制度。FITは「Feed-in Tariff（フィードインタリフ）」の略。

＊33 **再エネ賦課金** 正式名は「再生可能エネルギー発電促進賦課金」。

＊34 **改正再エネ特措法** 正式名は「電気事業者による再生可能エネルギー電気の利用の促進に関する特別措置法」。

＊35 **FIP制度** FIPは「Feed-in Premium（フィードインプレミアム）」の略。

＊36 **日本にある風車は2622基** 一般社団法人・日本風力発電協会（JWPA）の調査による。

＊37 **バードストライク** 鳥が人工の物に衝突する事故のこと。

＊38 **風力発電の施設に関連する事故で犠牲** アメリカ合衆国魚類野生生物局の調査による。

＊39 **フィンランドの場合** 1351人を対象にした2019年のフィンランド厚生省の調査。

＊40 **GX（グリーントランスフォーメーション）** GXは「GREEN TRANSFORMATION」のこと。意味は、経済産業省によると、「化石燃料をできるだけ使わず、クリーンなエネルギーを活用していくための変革やその実現に向けた活動のこと」。

＊41 **GX推進法** 正式名は「脱炭素成長型経済構造への円滑な移行の推進に関する法律」。2023年5月12日に成立。

＊42 **GX脱炭素電源法** 正式名は「脱炭素社会の実現に向けた電気供給体制の確立を図るための電気事業法等の一部を改正する法律」。2023年5月31日に成立。

＊43 **5つの改正法** 「原子力基本法」「核原料物質、核燃料物質及び原子炉の規制に関する法律」（原子炉等規制法）「電気事業法」「原子力発電における使用済燃料の再処理等の実施に関する法律」（再処理法）「電気事業者による再生可能エネルギー電気の利用の促進に関する特別措置法」（改正再エネ特措法）の5つ。

＊44 **核のごみ** 原子力発電で使った後の使用済み核燃料からプルトニウムを取り出して、残った廃液を固めたガラス固化体のこと。「高レベル放射性廃棄物」と呼ばれる。数十万年経たないと、自然の放射能レベルにならない。

＊45 **死の灰** 核の爆発や原発の原子炉内の核分裂によってできた放射性微粒子のこと。人の体に重大な放射性障害を引き起こす。

＊46 **トリチウム** 水素の一種で、三重水素と呼ばれる放射性物質。主に酸素と結びついて水になる。そのために取り除くことが難しい。放射能の強さが半分になるのに約12年かかる。

＊47 **トリチウムの濃さを薄める** 国の排水基準値の40分の1未満、1ℓあたりの濃さを1500Bq（ベクレル）未満にした。ベクレルは放射能の強さの単位。1Bqとは、「1秒間に1個の原子が放射線を出している」ことを表す。

＊48 **非核法** 正式名は「ニュージーランドの非核地域、軍縮および軍備管理法」。

＊49 **生物多様性** あらゆる生物種（動物、植物、微生物）と、それによって成り立っている生態系、さらに生物が過去から未来へと伝える遺伝子を合わせた概念。

あとがき

ついに本になった！　嬉しさでいっぱいです。

藤原良雄さんと本書の企画を話しあったのは２０２１年7月7日でした。それから3年、私がこれまで書いてきた本のなかでいちばん時間がかかりました。

「お金中心の世の中はおかしい」「電気を使いすぎる。シンプルライフに戻るべきだ」「子どもたちに負の遺産を残していいのか」などを何度も話しながら、最後はいつも「子どもたちが安心して生きていける社会をつくらねば」という結論に落ち着きました。そして、「子どもの視点で世の中をみる」本をつくることになりました。

13歳のアユを中心とした物語を考え、どんな家族関係にするかなど、想像を膨らませてきました。しかし、家族に付随した社会的な問題が膨らんで、いちばん問題にしたい環境問題がぼやけてきました。何度か試行錯誤したのち、焦点をしぼってアユと祖母ルイの会話で環境問題を語り合うという形になりました。

「子ども」と一口に言っても、いろんな子どもがいますし、関心のレベルも違っています。込み入った事実関係をどうわかりやすく書くのか、これまでにない経験でした。ついつい事実関係を細かく書きすぎて講義調になったりもしました。

それら何度も迷走する原稿に対して、藤原さんはいつも的確なご指摘をくださいました。甲野郁代さんは原稿ができるたびに読んでくださり、貴重な意見やアドバイスをくださいました。具体的な編集作業を担当してくださった藤原洋亮さんは、私たちの子ども世代としてまた違った視点からアドバイスをくださいました。なんとか、ここまでこぎつけたのは3人のおかげです。

本書を書くにあたっては、環境活動家の山田征さん、りんご農家である晴香園の福田秀貞・泰子さん、日本オオカミ協会の丸山直樹・淑子さんはじめ何人もの方に取材させていただきました。本当にありがとうございました。時間がたったことお詫びします。

最後になりましたが、藤原書店の皆さま、大変、お世話になりました。いつも感謝しています。

この本がひとりでも多くの方に読まれることを願ってやみません。

２０２４年７月20日

古庄弘枝

主な参考文献

序章　オオカミはなぜ日本にいないの？

『オオカミが日本を救う！　生態系での役割と復活の必要性』（2014）丸山直樹編著、白水社
『オオカミ冤罪の日本史　オオカミは人を襲わない』（2019）丸山直樹著、一般社団法人日本オオカミ協会
『フォレスト・コール』24号（2020）一般社団法人日本オオカミ協会
『神なるオオカミ』（上・下、2007）姜戎著、唐亜明・関野喜久子訳、講談社
『オオカミは大神――狼像をめぐる旅』（2019）青柳健二著、天夢人
『オオカミ――SPIRIT OF THE WILD』（2021）トッド・K・フラー著、竹田純子訳、化学同人
『狼――その生態と歴史』（1981）平岩米吉著、池田書店
『オオカミの護符』（2011）小倉美恵子著、新潮社
『ニホンオオカミの最後　狼酒・狼狩り・狼祭りの発見』（2018）遠藤公男著、山と渓谷社

第1章　電磁放射線からどう身を守るの？

『携帯電話亡国論――携帯電話基地局の電磁波「健康」汚染』（2013）古庄弘枝著、藤原書店
『スマホ汚染――新型複合汚染の真実！』（2015）古庄弘枝著、鳥影社
『スマホ汚染（電磁放射線被曝）から赤ちゃん・子どもを守る』（2016）古庄弘枝著、鳥影社
『5G（第五世代移動通信システム）から身を守る』（2020）古庄弘枝著、鳥影社
『5Gストップ！――電磁波過敏症患者たちの訴え&彼らに学ぶ電磁放射線から身を守る方法』（2020）古庄弘枝著、鳥影社
『GIGAスクール構想から子どもを守る』（2021）古庄弘枝著、鳥影社
『あらかい健康キャンプ村――日本初、化学物質・電磁波過敏症避難施設の誕生』（2012）古庄弘枝著、新水社

『隠された携帯基地局公害――九州携帯電話中継塔裁判の記録』（2013）九州中継塔裁判の記録編集員会編著、緑風出版
『インビジブル・レインボー――電気汚染と生命の地球史』（2022）アーサー・ファーステンバーグ著、増川いづみ監修、柴田浩一訳
『スマホ社会が生み出す有害電磁波　デジタル毒　医者が教える健康リスクと［超］回復法』（2020）内山葉子著、ユサブル
『知っておきたい　身近な電磁波被ばく』（2020）家庭栄養研究会編、食べもの通信社
『5Gクライシス』（2020）加藤やすこ著、緑風出版
『食べもの通信』五月号（2016）（特集　知らずに浴びている電磁波）食べもの通信社
『電磁波研会報』一三一―一四七号（2021–24）電磁波問題市民研究会
『アース通信』七四―八〇号（2022–24）いのち環境ネットワーク

第2章　有害化学物質はなくせないの？

『香害（化学物質汚染）から身を守る』（2018）古庄弘枝著、鳥影社
『マイクロカプセル香害――柔軟剤・消臭剤による痛みと哀しみ』（2019）古庄弘枝著、ジャパンマシニスト社
『香害は公害――「甘い香り」に潜むリスク』（2020）水野玲子著、ジャパンマシニスト社
『香りブームに異議あり』（2018）ケイト・グレンヴィル著、鶴田由紀訳、緑風出版
『STOP！　香害』（2021）ダイオキシン・環境ホルモン対策国民会議
『PFAS（有機フッ素化合物）汚染』（2022）ダイオキシン・環境ホルモン対策国民会議
『プロブレムQ&A――香害入門』（2022）深谷桂子著、緑風出版
『地球をめぐる不都合な物質――拡散する化学物質がもたらすもの』（2019）日本環境化学会編著、講談社
『図解でわかる　14歳からのプラスチックと環境問題』（2019）インフォビジュアル研究所著、太田出版

『ＪＥＰＡニュース』一一九―一四五号（2019–24）ダイオキシン・環境ホルモン対策国民会議

第3章　食べものは安全なの？

『食の戦争――米国の罠に落ちる日本』（2013）鈴木宣弘著、文藝春秋
『農業消滅――農政の失敗がまねく国家存亡の危機』（2021）鈴木宣弘著、平凡社
『世界で最初に飢えるのは日本――食の安全保障をどう守るか』（2022）鈴木宣弘著、講談社
『「アメリカ小麦戦略」と日本人の食生活〈新版〉』（2022）鈴木猛夫著、藤原書店
『食と農の戦後史』（1996）岸康彦著、日本経済新聞出版社
『食卓の危機――遺伝子組み換え食品と農薬汚染』（2020）安田節子著、二和書籍
『モー革命――山地酪農で「無農薬牛乳」をつくる』（2007）古庄弘枝著、教育資料出版会
『ルポ 食が壊れる――私たちは何を食べさせられるのか？』（2022）堤未果著、文春新書
『売りわたされる食の安全』（2019）山田正彦著、ＫＡＤＯＫＡＷＡ
『タネはどうなる?!　種子法廃止と種苗法改定を検証』（2021）山田正彦著、サイゾー
『あきらめない　UNSTOPPABLE――愛する子どもの「健康」を取り戻し、アメリカの「食」を動かした母親たちの軌跡』（2019）ゼン・ハニーカット著、松田紗奈訳、現代書館
『増補改訂版　ただの主婦にできたこと』（2019）山田征著、現代書館
『新　地球とからだに優しい生き方・暮らし方』（2023）天笠啓祐著、柘植書房新社
『有機農業――これまで・これから』（2023）小口広太著、創森社
『有機農業ひとすじに』（2024）金子美登・金子友子著、創森社
『月刊クーヨン4月号増刊』（2022）（いいね60有機農業を日本の根幹産業にしませんか？）クレヨンハウス

第4章　感染症と共存できるの？

『こわいほどよくわかる――新型コロナとワクチンのひみつ』（2021）近藤誠著、ビジネス社
『マスク社会が危ない――子どもの発達に「毎日マスク」はどう影響するか？』（2022）明和政子著、

宝島社
『今だから知るべき！ワクチンの真実――予防接種のＡＢＣから新型コロナワクチンとの向き合い方まで』（2021）崎谷博征著、秀和システム
『コロナワクチンの恐ろしさ――良心派医師が心底憂慮する理由』（2021）高橋徳・中村篤史・船瀬俊介著、成甲書房
『マスクを捨てよ、町へ出よう――免疫力を取り戻すために私たちができること』（2022）井上正康・松田学著、方丈社
『新型コロナ――真相謎とき紙芝居』（2022）宮庄宏明著、クラブハウス
『ウイルス学者の責任』（2022）宮沢孝幸著、ＰＨＰ新書

第5章　地球温暖化は防げるの？

『五訂　地球環境キーワード事典』（2008）地球環境研究会編、中央法規出版
『「地球温暖化」狂騒曲――社会を壊す空騒ぎ』（2018）渡辺正著、丸善出版
『正しく知る地球温暖化――誤った地球温暖化論に惑わされないために』（2008）赤祖父俊一著、誠文堂新光社
『地球温暖化の不都合な真実』（2019）マーク・モラノ著、渡辺正訳、日本評論社
『〝不機嫌な〟太陽――気候変動のもうひとつのシナリオ』（2010）ヘンリク・スベンスマルク、ナイジェル・コールダー著、桜井邦朋監修、青山洋訳、恒星社厚生閣
『二酸化炭素温暖化説の崩壊』（2010）広瀬隆著、集英社新書
『地球温暖化説はＳＦ小説だった――その驚くべき実態』（2020）広瀬隆著、八月書館
『地球温暖化の嘘・広瀬隆講演録』（2022）広瀬隆文庫
『グレタ――たったひとりのストライキ』（2019）マレーナ＆ベアタ・エルンマン、グレタ＆スヴァンテ・ツゥーンベリ著、羽根由訳、海と月社
『あなたが世界を変える日――12歳の少女が環境サミットで語った伝説のスピーチ』（2003）セヴァン・カリス＝スズキ著、ナマケモノ倶楽部編・訳、学陽書房

『低周波音被害の恐怖――エコキュートと風車』(2009) 汐見文隆編著、アットワークス
『メガソーラーが日本を救うの大嘘』(2022) 杉山大志編著、川口マーン惠美・掛谷英紀・有馬純ほか著、宝島社
『ご存知ですか、自然エネルギーのホントのこと』(2017) 山田征著、ヤドカリハウス
『新・環境学　現代の科学技術批判』全三巻 (2008) 市川定夫著、藤原書店
『再生可能エネルギーの問題点』(2022) 加藤やすこ著、緑風出版
『いま、原発回帰を許さない!』(2023) 小出裕章著、クレヨンハウス「原発とエネルギーを学ぶ朝の教室」第一三八回　レジメ

著者紹介

古庄弘枝（こしょう・ひろえ）
大分県国東半島育ち。ノンフィクションライター。
インド一人旅のあと、編集・ライターの仕事に就く。
季刊雑誌『女も男も』（労働教育センター）などの編集をしつつ、女性問題に関する取材を続ける。2008年からは電磁放射線公害の取材に取り組んでいる。

主な著書に以下のものがある。

『GIGAスクール構想から子どもを守る』（鳥影社）
『5G（第5世代移動通信システム）から身を守る』（鳥影社）
『5Gストップ！――電磁波過敏症患者たちの訴え＆彼らに学ぶ電磁放射線から身を守る方法』（鳥影社）
『スマホ汚染（電磁放射線被曝）から赤ちゃん・子どもを守る』（鳥影社）
『香害（化学物質汚染）から身を守る』（鳥影社）
『マイクロカプセル香害――柔軟剤・消臭剤による痛みと哀しみ』（ジャパンマシニスト社）
『ALSが治っている――純金製の氣の療法「御申鈥療法」』（鳥影社）
『スマホ汚染――新型複合汚染の真実！』（鳥影社）
『携帯電話亡国論――携帯電話基地局の電磁波「健康」汚染』（藤原書店）
『あらかい健康キャンプ村――日本初、化学物質・電磁波過敏症避難施設の誕生』（新水社）
『見えない汚染「電磁波」から身を守る』（講談社＋α新書）
『沢田マンション物語――2人で作った夢の城』（講談社＋α文庫）
『モー革命――山地酪農で「無農薬牛乳」をつくる』（教育史料出版会）
『どくふれん（独身婦人連盟）――元祖「シングル」を生きた女たち』（ジュリアン）
『彼女はなぜ成功したのか』（はまの出版）
『就職できない時代の仕事の作り方』（はまの出版）
『「わたし」が選んだ50の仕事』（亜紀書房）

13歳からの環境学――未来世代からの叫び

2024年8月31日　初版第1刷発行©

著　者　古庄弘枝
発行者　藤原良雄
発行所　株式会社 藤原書店

〒162-0041　東京都新宿区早稲田鶴巻町523
電　話　03（5272）0301
FAX　03（5272）0450
振　替　00160－4－17013
info@fujiwara-shoten.co.jp

印刷・製本　精文堂印刷

落丁本・乱丁本はお取替えいたします
定価はカバーに表示してあります
Printed in Japan
ISBN978-4-86578-433-6

新型ウイルス被害予想の唯一の手がかり

日本を襲ったスペイン・インフルエンザ
〈人類とウイルスの第一次世界戦争〉

速水 融

世界で第一次大戦の四倍、日本で関東大震災の五倍の死者をもたらしながら、忘却された史上最悪の〝新型インフルエンザ〟。再び脅威が迫る今、歴史人口学の泰斗が、各種資料を駆使し、その詳細を初めて明かす！

四六上製　四八〇頁　**四二〇〇円**
（二〇〇六年二月刊）
◇978-4-89434-502-7

呼吸器系ウイルス感染症の第一人者が提言！

新型コロナ「正しく恐れる」

西村秀一 国立病院機構仙台医療センター ウイルスセンター長
井上 亮 編

フェイスシールド、透明間仕切り、屋外でのマスク、過剰なアルコール消毒……日常に定着したかに見える「対策」は、本当に有効なのか？〝過剰〟〝的外れ〟な対策を見極め、「人間らしい生活」を取り戻すために、新型インフルエンザ、ＳＡＲＳなどを経験してきた第一人者が提言！

Ａ５並製　二二四頁　**一八〇〇円**
（二〇二〇年一〇月刊）
◇978-4-86578-284-4

大規模なワクチン接種が始まる今、必読の書

ワクチン いかに決断するか
〈一九七六年米国リスク管理の教訓〉

R・E・ニュースタット、H・V・ファインバーグ
西村秀一 訳

瀬名秀明さん（作家）**推薦！**　全米国民への「新型インフル」ワクチン緊急接種事業とその中止という「厚生行政の汚点」から、今、何を学ぶか。

Ａ５判　四七二頁　**三六〇〇円**
（二〇二一年二月刊）
◇978-4-86578-300-1

THE EPIDEMIC THAT NEVER WAS
Richard E. NEUSTADT and Harvey V. FINEBERG

各分野の第一線による徹底討論

ウイルスとは何か
〈コロナを機に新しい社会を切り拓く〉

中村桂子 生命誌研究者
村上陽一郎 科学史家
西垣 通 情報学者

科学万能信仰がはびこる今、そこから脱し、生態系の中で「生きもの」として生きていくという「本来の生活」「本来の人間の知性」をいかにして取り戻していくか？

Ｂ６変上製　二三二頁　**二〇〇〇円**
（二〇二〇年一〇月刊）
◇978-4-86578-285-1